覆岩移动变形规律及采动裂隙发育计算方法研究

许国胜　著

北　京
冶 金 工 业 出 版 社
2023

内 容 提 要

本书采用数值模拟、现场实测、力学分析和工程实践等多种研究方法，运用弹性板理论建立了岩层挠曲微分方程力学模型，揭示了覆岩移动变形的机理；以概率积分法为基础，建立了覆岩移动变形预计模型；提出了基于覆岩移动变形的采动裂隙发育计算方法，并分析总结了不同地质和采矿条件下采动导水裂隙带的演化规律。

本书可供煤矿岩层控制、防治水等科研人员及煤矿生产、灾害防治及管理等工程技术人员阅读参考，也可供高等院校采矿工程专业研究生进行水害防治实践研究时参考。

图书在版编目(CIP)数据

覆岩移动变形规律及采动裂隙发育计算方法研究/许国胜著．—北京：冶金工业出版社，2022.7（2023.6 重印）

ISBN 978-7-5024-9197-0

Ⅰ.①覆… Ⅱ.①许… Ⅲ.①煤矿开采—岩层移动—研究 ②岩体—采动—裂隙—计算方法—研究 Ⅳ.①TD325 ②P583

中国版本图书馆 CIP 数据核字(2022)第 107084 号

覆岩移动变形规律及采动裂隙发育计算方法研究

出版发行 冶金工业出版社　**电　话** (010)64027926
地　址 北京市东城区嵩祝院北巷 39 号　**邮　编** 100009
网　址 www.mip1953.com　**电子信箱** service@mip1953.com

责任编辑 李培禄 卢 蕊 美术编辑 彭子赫 版式设计 郑小利
责任校对 梅雨晴 责任印制 窦 唯
北京建宏印刷有限公司印刷
2022 年 7 月第 1 版，2023 年 6 月第 2 次印刷
710mm×1000mm 1/16；12 印张；229 千字；181 页
定价 60.00 元

投稿电话 (010)64027932 投稿信箱 tougao@cnmip.com.cn
营销中心电话 (010)64044283
冶金工业出版社天猫旗舰店 yjgycbs.tmall.com
(本书如有印装质量问题，本社营销中心负责退换)

前　言

煤层开采不但影响覆岩内构筑物（硐室、巷道以及井筒等）的正常使用，而且会导致上覆岩层产生移动变形及采动裂隙的萌生和发展，一旦采动裂隙沟通上部水体，可能引起井下突水事故。此外，采空区周围采动裂隙作为瓦斯富集通道，对于实现煤与瓦斯安全共采至关重要。上述采动问题均与岩体的移动变形有关，因此研究覆岩移动变形规律及预计模型具有一定的工程和理论价值。本书采用数值模拟、现场实测、力学分析和工程实践等多种研究方法，研究了采动覆岩的应力场及位移场分布规律、覆岩移动变形机理、覆岩动态移动变形规律及预计模型和基于覆岩移动变形的采动裂隙计算方法，主要成果及创新性如下：

（1）在研究采场支承压力分布规律的基础上，建立覆岩岩层支承压力分布函数，并通过数值模拟和理论分析得到了采场及上覆岩层支承压力分布变化规律，建立了不同埋深水平岩层支承压力函数之间的联系。依据采场及上覆岩层载荷守恒原理，推导得到不同埋深岩层应力恢复函数的参数变化规律。

（2）运用弹性板理论建立了岩层挠曲微分方程力学模型，以基本顶岩层为例对力学模型进行求解，验证了力学模型的正确性。分析模型参数效应以及不同埋深水平岩层的挠度曲线变化规律，揭示了覆岩移动变形的机理。

（3）以裴沟矿地表移动观测数据为基础，对地表动态移动变形特征进行研究，得到工作面推进过程中主断面最大下沉速度及下沉速度滞后距的变化规律，通过对下沉速度曲线进行函数表达，推导了地表主断面下沉速度预计公式。通过研究地表与覆岩动态移动变形参数之间的关系，建立了主断面上任意开采时刻覆岩动态移动变形预计模型。

(4) 通过分析覆岩移动变形的力学原理以及覆岩移动规律，认为采动主要影响半径的主控因素是岩层的抗弯刚度，推导得到基于岩层抗弯刚度变化规律的主要影响半径计算公式。利用现场实测数据以及数值模拟结果，运用曲线拟合方法得到下沉系数影响指数和拐点偏移距影响指数，得到了修正预计参数的覆岩移动变形预计模型。该模型以概率积分法为基础，预计参数以地表实测数据为依据，能够反映地表实测移动参数在覆岩中的变化规律，因此预计模型具有很好的可操作性及准确性。

(5) 通过对覆岩采动裂隙特征的分析研究，分别采用岩层层间拉伸率和层面拉伸率表示层间裂隙和竖向贯穿裂隙的发育程度。利用覆岩移动变形计算模型得到裴沟煤矿工作面开采后覆岩层间拉伸率和层面拉伸率的分布规律。根据现场导水裂隙带发育高度的实测值，反演得到裂隙导水性的移动变形判断指标，即层面拉伸率临界值 $\varepsilon'_{\mathrm{S}}$ 为0.28%，进而提出了基于覆岩移动变形的采动裂隙发育计算方法。然后对后续开采方案进行计算，得到倾向不同开采尺寸下覆岩采动裂隙分布以及导水裂隙带发育高度变化规律，最后对影响导水裂隙带发育的影响因素进行了分析。上述研究成果可以为煤矿现场防治水和进行采动裂隙内瓦斯的抽采提供参考，能够帮助相应领域及相关研究方向的读者更深入地理解和掌握采动对上覆岩层的移动变形影响规律以及岩层移动变形过程中采动裂隙发育规律。

本书的内容主要分为两个部分，第一部分为煤层开采后上覆岩层的移动变形规律及预计模型，第二部分为基于覆岩移动变形预计的采动裂隙发育量化计算方法，及覆岩导水裂隙演化规律。本书的研究成果主要形成于笔者博士研究生期间，得益于所在课题组研究团队的支持与帮助。尤其是导师李德海教授，对本书内容做出了全面指导工作，课题组张彦宾、许胜军、余华中等师兄对书中现场试验、实验室试验等方面提供了大力的支持。研究生侯得峰、韩亚鹏参与了书稿中部分数据和图片的整理与编排工作。笔者在河南理工大学能源科学与工程学院研究生阶段得到了众多教师给予帮助和指导。在此一并向他们表示衷心的感谢。

本书的出版得到了贵州省区域内一流建设学科“生态学”（黔教XKTJ［2020］22）建设经费的资助，得到了毕节市科技局联合基金（毕科合字G［2019］1号）项目的支持，特此感谢！

本书对于覆岩移动变形规律及采动裂隙发育的研究思路主要形成于笔者博士研究生初期，根据之前对于采动损害与岩层控制方面的研究基础，发现目前对于采动覆岩裂隙的发育规律主要研究手段主要集中于力学理论、相似模拟物理试验、数值模拟试验及工程案例数据数学方法处理等。虽然部分学者通过岩层的移动变形来量化表达岩层采动裂隙或者空隙率，但是对于岩层的移动变形表达方法不一。因此笔者查阅国内外文献，从基础的概率积分法研究做起，然而由于覆岩结构的复杂性，覆岩内部移动变形的研究成果较少，工程案例研究数据则更少。作者进行了大量的相似模拟物理试验，通过观察试验结果受到启发建立弹性基础上薄板模型来探究覆岩移动的机理，从本书初步的研究成果来看，不甚理想，而后进行了大量的数值模拟试验，对模型及模型输入参数进行大量的校核，试图找寻覆岩移动变形规律。最后在移动变形预计模型的基础上对采动裂隙进行量化表达，后期将通过导水裂隙带发育的工程案例来验证本书研究成果。由于本书大部分的研究成果是以理论研究和数值模拟研究为主，缺少相应的覆岩内部移动变形的孔内位移监测数据进行正面验证，另外本书未考虑关键岩层控制作用对于覆岩移动的影响，因此，研究成果的系统性有所欠缺。本书的出版希望能够对相关学者在覆岩移动变形、采动裂隙发育规律方面提供一个新的思路和方法。由于编者学识水平有限，内容可能存在不足以及值得商讨的地方，衷心希望读者提出纠正，不吝赐教。

许国胜

2022年6月于贵州毕节

目　　录

1 绪　论

1.1 研究目的和意义

在地下煤层开采之前，岩体在原岩应力场环境下处于一种相对平衡状态。当部分煤层被采出后，在岩层内部形成一个采空区，周围岩体的应力状态受到破坏，导致其应力场发生改变，直到达到新的平衡状态。在此过程中，受扰动岩体产生移动、变形和破坏[1,2]，这种复杂的物理力学过程随着工作面的推进而不断重复。采空区上部岩层受到采动扰动后，在竖直方向上形成“三带”，即垮落带、裂隙带和弯曲下沉带[3,4]。当开采范围足够大时，岩层移动变形发展到地表，形成连续的下沉盆地，或者不连续的台阶、裂缝、塌陷坑。我国92%的煤炭生产是井工开采，2016 年我国煤炭产量为 36 亿吨左右，如此大量的煤炭资源开采势必会对采空区上部岩层及地表造成采动影响。井工长壁工作面大规模开采易导致覆岩采动裂隙由下向上扩展，若采动裂隙发育至覆岩含水层或者直接与地表沟通，可能引起上覆含水岩土层的突水、浅表水及地下水漏失、地表植被枯死、土地荒漠化趋势加剧等一系列安全与环境灾害问题，导致原本十分脆弱的生态地质环境不断恶化，使潜在的自然环境脆弱性转化为现实的破坏。同时井下采空区周围采动裂隙作为瓦斯富集的通道，基于采动裂隙富集区卸压瓦斯抽采理论的“煤与瓦斯共采”技术[5,6]能够解决煤矿开采过程中由于瓦斯集聚带来的安全隐患，而且还可以将瓦斯作为资源，提高瓦斯利用水平，实现煤炭资源的安全高效洁净开发。覆岩的移动变形是岩层产生破坏并产生裂隙的根本原因，可以从移动变形方面对岩层产生断裂形成导水裂隙带的机理进行研究。

地下煤炭资源的开采对地表建筑物和上部水体造成威胁，越来越引起人们的注意，尤其是在我国东部和中部地区，地面村庄密集，人口密度较大，为保护地表建筑物和水体留设的大量保护煤柱，减少了矿井的服务年限，造成大量煤炭资源的浪费，另外对矿井的正常采掘活动造成了一定的影响。据不完全统计，风井保护煤柱压煤量一般为数万吨到数百万吨，主副井与工业广场保护煤柱的压煤量则达到了数百万吨，一些大的生产矿井甚至达到了数千万吨。而且井筒与工业广场保护煤柱距离井口最近，开拓和开采较方便，运输距离短，吨煤成本低。所以不论是从经济效益还是从延长矿井的服务年限和充分利用地下煤炭资源而言，井筒与工业广场保护煤柱的开采已势在必行。另外针对多煤层协调开采，煤层群的上行开采方法被普遍应用，需要在上行开采采动影响范围特定区域中布置巷道，巷道一般位于裂隙带或弯曲下沉带内。由于下煤层开采引起巷道围岩应力降低，裂隙发育、膨胀变形，导致围岩稳定性差、控制难度大，且采动影响时间更长，上行开采顶板巷道维护对实施上行开采的制约更加突出[7~9]。煤层开采中，下部煤层开采对上部巷道的影响主要涉及覆岩的移动变形理论，准确掌握上部巷道在下部煤层的采动影响下的移动变形特征，对于巷道的维护和治理有重要的理论参考价值。

综上所述，掌握覆岩移动变形特征是解决覆岩运动以及覆岩破坏问题的根本途径。覆岩移动变形的研究能够为岩体内构筑物（主副井井筒、巷道等）受采动影响提供重要的理论依据，是保证矿井安全生产的有效途径。而且通过研究覆岩移动变形，掌握覆岩破坏以及覆岩裂隙的变化规律，不但能够对水体下采煤工作的安全性进行评价，还能够为裂隙场内瓦斯的抽采及工作面消除瓦斯集聚提供理论依据，因此该项研究对煤矿生产具有重要的理论研究和应用价值。

1.2 国内外研究进展

20 世纪六七十年代，波兰、苏联、德国和英国等国相继出现井筒和工业广场保护煤柱开采的情况，对覆岩移动与变形规律进行了研究，苏联在哈伦巴矿、卡托维茨矿和红十月矿进行了井筒与工业广场煤柱的开采，采用垂球、同位素子弹等对岩体下沉进行了大量观测，获得了大量岩体内部移动与变形的第一手资料，并绘制了岩体内部移动的等值线[10]。澳大利亚 NERDDP 的学者[11~13]于 20 世纪 80 年代在地面向覆岩内施工钻孔时，利用多点位移计对煤层开采过程中覆岩的移动变形进行连续观测，得到覆岩竖向位移和变形，总结得到岩体产生采动裂隙的拉伸变形指标，以此来评价岩体在拉伸变形条件下裂隙发育的情况。D. M. Shu 等[14,15]假定覆岩与地表下沉盆地剖面曲线相似，且岩体采出体积与地表下沉盆地体积相等，建立了工作面开采范围与主要影响角为参数的地表与覆岩的移动变形预计函数。对于影响采动覆岩移动变形的影响因素，国外学者也进行了较多的研究，比如不同煤层倾角和覆岩岩性条件下采动主要影响角的变化规律[16,17]，以及地形对覆岩移动变形的影响[18]等。此外，随着覆岩移动变形研究的深入，人们发现上覆岩层的移动变形不但与井筒[19,20]和工业广场保护煤柱相关，而且还涉及覆岩含水层的水力传导系数[21]、导水裂隙带的发育高度[22]以及多煤层开采上下煤层相互叠加条件下的上覆岩层的移动变形[23]。学者 Luo 和 Qiu[24~26]以岩体内部微单元为对象，以岩体内部某一岩层的下沉曲线为积分空间，对该岩层的微单元进行概率积分，得到该层上部岩层的下沉剖面曲线，以此类推最后得出地表下沉曲线与岩体内部下沉曲线的函数联系，对上覆含水层受采动引起的移动变形进行预测，分析了顶板导水裂隙带对覆岩含水层的影响。而且还对下煤层开采上部煤层保护煤柱稳定性进行了研究。

我国关于岩层移动变形的研究始于 20 世纪 60 年代中期，煤矿开采工作中面临井筒与巷道煤柱压煤问题，开滦、阳泉等矿区陆续开展了较完善的覆岩移动和变形实际测定研究，积累了一部分珍贵的实测资料，初步揭示了覆岩移动与变形的一些基本特性[27]。例如开滦范各庄矿于 1964 年矿井投产之前，在南、北两翼分别设置了三个和两个覆岩观测钻孔，投产后在南翼又增加了两个观测钻孔。用预制压缩木作为覆岩的测点，将其与钻孔孔壁牢固结合在一起，根据覆岩相应测点的绝对下沉位置和测点之间的相对下沉位移，可计算出覆岩的竖向位移和变形值。阳泉一矿为了给矿压、瓦斯抽放和井巷保护煤柱开采提供依据，在 310 工作面设置了 6 个覆岩观测钻孔，实验手段和方法同上[10]。1980~1984 年，在江西丰城矿务局的建新二井成功开采了反斜井与工业广场煤柱。20 世纪 90 年代，我国学者对采动岩体理论进行了深入研究，提出了传递岩梁[28~30]、砌体梁[31,32]等理论，并用于厚煤层放顶煤开采，以及地表开采沉陷的控制等研究工作中。随着步入煤炭资源高强度开采阶段，如何高效安全地开采引起了学者的注意，在此阶段对覆岩移动与变形的研究工作较多。比如吴立新等[33]通过对岩体内部钻孔观测点的连续观测，阐述了采空区顶板上部厚硬岩层对覆岩移动变形的影响，以及由此引起的特殊的地表沉陷特征。Guo 等[34]将采动覆岩应力变化、采动裂隙的发育与煤层瓦斯涌出规律联系起来，通过对覆岩的应力、位移以及顶板含水层水压的动态监测，建立了三维瓦斯涌出数值模型，为煤与瓦斯共采的设计提供了依据。王悦汉等[35]总结了现场及实验室观测关于采动覆岩破裂程度的规律，即岩体越靠近煤层，其破裂程度越高，碎胀量越大，而越远离煤层，碎胀量越小。根据阜新、本溪、铁法、南票等矿区 30 个观测站的资料回归得到岩体内部下沉系数与煤层间距的关系式，建立了重复采动条件下覆岩与地表的计算模型。戴华阳等学者[36~41]对岩体内构筑物（井筒、煤仓等）受采动影响的移动变形进行了分析，并提出了相应的治理措施。

对于岩层移动变形造成的裂隙，作为井下瓦斯和矿井水的通道，威胁着工作面的安全开采。另外采动裂隙若沟通地表，会造成浅表水及地下水漏失、地表植被枯死、土地荒漠化加剧等一系列安全与环境灾害问题。采动裂隙作为井下采空区周围瓦斯富集的通道，不但能够解决煤矿开采过程中由于瓦斯集聚带来的安全隐患，而且还可以将瓦斯作为资源，提高瓦斯利用水平，实现煤与瓦斯共采[5,6,42]。该研究方向越来越受到国内外学者的重视，张玉军等[43~46]学者通过钻孔电视技术，对比开采前后覆岩裂隙的形态以及裂隙的参数指标（比如裂隙的张开度、角度以及密度等)，对采动覆岩裂隙带进行了判断。采动裂隙作为瓦斯释放和集聚的通道，不但可以解决瓦斯危害问题，还可以作为清洁能源增加经济和社会效益。学者袁亮在淮南矿区保护层开采进行了大量研究[5,34]，通过研究瓦斯在采空区上覆岩层裂隙的运移规律，指导了煤矿现场进行的综合瓦斯治理工作，实现了低渗透性煤层瓦斯抽采和有效地解决了工作面回采瓦斯超限问题[34,47]。

经过近几十年的发展，国内外学者在覆岩移动变形研究以及相关的工程实践中取得了很多优秀成果，研究的内容主要包括覆岩移动变形的力学模型、试验方法及预计方法。

1.2.1 覆岩移动变形的力学模型

1.2.1.1 关键层理论

钱鸣高院士于20世纪90年代后期在覆岩“砌体梁”[32]的基础上，创造性地提出了岩层控制的关键层理论。该理论以煤系地层赋存的主要特点为依据，即煤系地层由厚度不等、强度不同的多层沉积岩构成，总体上分为表土层和基岩两部分。其中在基岩部分，一层至数层厚硬岩层在岩层移动中起主要的控制作用。将对采场上覆岩层局部或直至地表的全部岩体起控制作用的岩层称为关键层，前者称为亚关键层、后者称为主关键层[48]。该理论能够对岩层移动由下到上传递的动态过程进行很好的解释，覆岩关键层完全控制了上覆基岩与表土层的运动，关键层上部的基岩及表土层随着主关键层的破断出现相应的周期性变化，地表下沉速度随主关键层的周期破断呈现跳跃性变化，表土层厚度和主关键层破断距离大小将决定主关键层对地表下沉动态影响的剧烈程度[49~51]。此外关键层理论能够通过对关键层结构的失稳破坏进行判别，来为工作面采场的矿压显现和支架支护阻力的确定提供参考[52]。针对我国东部地区深部开采活动，覆岩关键层位置距开采煤层的距离较远，学者对比分析了深部开采与浅部开采中主关键层对地表及岩层移动变形特征控制作用的差异[48]。在关键层的理论基础上，学者孙振武等[53]通过对覆岩由下而上进行关键层判别，对关键层的复合效应，以及复合关键层的基本概念进行了定义，实践证明复合关键层是岩层控制关键层理论研究的发展和完善，可以为深部开采地表及岩层移动研究提供理论依据[54]。针对覆岩离层充填减缓地表沉陷技术在部分矿井的实际减沉效果不太理想的问题[55~58]，认为采场覆岩关键层破断失稳前以弹性地基板或梁的结构形式产生挠曲下沉变形，此时关键层下部岩层将产生非协调的连续变形离层，如有亚关键层存在，则局部破断后的关键层将形成砌体梁结构，将在主关键层下部产生介于连续变形和非连续变形之间的不协调性离层。因此考虑在关键层初次断裂之前，用分区隔离煤柱将关键层隔离成封闭空间并注浆，将会对关键层起到有效支撑作用，形成“覆岩离层分区隔离注浆法”技术[59]。岩层控制关键层理论的提出，为岩层移动与开采沉陷的深入研究提供了新的理论平台，将矿山压力、岩层及地表移动、瓦斯抽采和保水开采[60,61]有机统一起来，构成了“绿色开采”的主要理论基础。

上述的覆岩关键层研究，着重从覆岩采动后形成的梁式结构出发，以岩层存在不同厚度及不同强度为出发点，分析上覆基岩及表土层起关键承载作用的关键层对地表及岩层的控制作用；可以通过探究主关键层的破断来研究地表及岩层的采动影响程度，或者能够解释采动过程中覆岩结构的变化，对于关键层的运动对上覆基岩及地表的位移传递机理不能很好地解释，尚不能根据关键层的结构变化特征对地表及岩层内部的下沉曲线进行预计，可作为岩层结构状态的判断依据应用于岩层移动变形研究中。

1.2.1.2 弹性薄板理论

弹性薄板理论又称为弹性板理论，弹性薄板理论的建立，始于法国工程师、桥梁专家 Navier 在 1821 年提出的弹性体平衡和运动微分方程，该理论认为在竖向载荷的作用下，刚性薄板发生弯曲变形主要是为了以弯曲变形来抵抗外加的横向载荷。而后经过众多学者的不断完善，最终形成了令人满意的、完整的板弯曲理论[62]。根据采矿工程的实际，采场覆岩的分层厚度一般为 4~20m，工作面的尺寸一般为100~1000m，满足经典力学理论中对薄板的定义，即厚度与板面的最小尺寸之比在1/100~1/5之间[63]；且岩层在采动过程中发生的挠度变形远小于覆岩的厚度，符合小挠度板的线性理论。因此在研究岩体移动变形过程中，将采空区顶板的沉积岩体假定为层状结构，把煤层的开挖引起的顶板变形看作竖向载荷作用下薄板的挠曲，在上述的假定条件下，可以将薄板弯曲理论应用于研究地下开采引起的岩体移动变形问题。

我国学者首先将弹性板理论应用于覆岩离层注浆治理地表沉陷的问题中。地下煤层采出后，从顶板向上依次形成垮落带、裂缝带、离层带和弯曲下沉带。采动覆岩在层状弯曲沉降过程中，相邻层组的不同步弯曲沉降而引起岩层在其层面（或薄弱面）上产生离层，为减缓地表沉降，可将浆液材料注入位于弯曲下沉带下部的离层带内。通过建立覆岩注浆开采地表下沉预计模型，为覆岩注浆的工程设计提供依据及对控制地表沉陷的效果做出评价[64~67]。随着逐渐深入认识关键层对上覆岩层的控制作用，认为关键层的挠曲程度与覆岩沉陷大小密切相关，因此，应将关键层作为控制地表沉陷的重点，加深对覆岩离层注浆的认识，把关键层作为弹性板，利用注浆材料充填覆岩关键层下的离层空间，支撑关键层，减少关键层的挠曲，进而起到控制地表沉陷的目的[67,68]。

众多学者在分析了地表沉陷基本规律的基础上，将弹性板理论引入到开采沉陷的预计模型中，通过分析岩层薄板在上覆载荷作用下的挠曲变形方程，建立岩层内部移动与地表开采沉陷相统一的地表移动预计模型。夏小刚等[69]、郝延锦等[70]发现覆岩移动盆地与地表移动盆地形状相似，建立了一个岩层沉陷盆地的表达式，然后利用弹性板理论得到地表及岩层移动与变形的表达式，该方法克服了以往方法中关于拐点反对称性的不足。李文秀等[63]在假定岩层下沉盆地体积与地下采出矿体体积相等的基础上，根据弹性力学中薄板弯曲理论建立了岩层移动变形基本微分方程。杨帆等[71]根据流变理论和薄板弯曲理论研究了岩层和地表移动的时间、空间过程，推导出了考虑时间因数的地表下沉基本公式和获得了岩层与地表下沉时间系数的公式。

另外，运用弹性板理论可以对岩体内部岩层的弯曲变形进行求解，进而得到岩层在载荷作用下的弯矩方程，建立岩层的刚度条件和强度条件，最后得到顶板岩层的极限跨距。其中翟所业等[68]将顶板覆岩简化为四周嵌固在周围岩层中的矩形岩板，利用弹性板建立岩层的下沉方程，进而利用岩层的初次破裂步距对主关键层和亚关键层进行判断。林海飞等[72]对采场上覆岩层主关键层、亚关键层的层位及其跨距进行计算，为合理布置卸压瓦斯抽采系统提供了理论依据。何富连等[73]建立了巷道顶板弹性基础梁力学模型，探讨顶板下沉量、顶板岩梁弯矩随巷道跨度的变化关系，为巷道围岩稳定性控制提供了理论依据。潘红宇等[74]在弹性地基基础上，对上覆岩层的挠曲下沉进行分析，得到了复合关键层下煤体支承压力、支承压力分区范围及煤体变形规律。王红卫等[75]依据岩层关键层沿工作面方向被结构面族分割成一系列相互作用的矩形岩板，建立了关键层的弹性板组力学模型，研究工作面方向上围岩压力的运动变化以及来压时关键层的破断规律。

由于采动时覆岩结构存在差异，岩层的结构对岩层移动变形有显著的影响，岩层结构的分析是求取弹性板挠度微分方程的关键，需根据不同地基弹性系数来表示上覆岩层的结构特性以及岩层上部载荷的分布规律，建立弹性板的挠度微分方程。

1.2.1.3 其他力学模型

组合梁理论、层状介质理论、托板理论也被应用于上覆岩层移动变形的分析中。其中层状介质理论将工程岩体概化为层间满足力学平衡条件和几何接触条件的多层层状介质组合，然后根据相应的力学理论，求解满足边界条件的力学问题[76]。将采空区及其围岩看作是具有开挖空洞的各向同性线弹性体，由此可以得到采动引起的地表下沉量，由上覆岩体的下沉、矿柱的压缩和下伏岩体的沉陷三部分组成，提出了条带开采引起的岩层移动及其地表沉陷的新方法[77~79]。吴立新等[80]针对地下采矿活动连续大面积开采过程中，矿山压力异常、地表沉陷异常的现象，依据边界条件的不同将托板划分为81种不同的力学模式。然后以有限元数值分析为手段，研究了托板的力学变形和变形特征，结果表明：上覆岩土层的移动变形完全受托板移动变形控制，托板岩层的稳定与失稳是托板上覆岩层连锁破坏和地表产生急剧沉陷的根本原因。

综上所述，上覆岩层的层状结构能够满足弹性板理论的要求，能够用该理论的微分方程来表示在上覆载荷的作用下，岩层的挠曲变形，为研究覆岩移动变形提供了一种很好的理论研究方法。但是根据现有对采动覆岩的认识，上覆岩层在采动过程中存在一定的结构特性，不同结构条件下岩层弹性板力学模型的边界条件不同，所以在研究上覆岩层移动变形中，可将覆岩结构理论与弹性板理论相结合，探求层状覆岩不同结构条件下的弹性板微分方程。另外不同结构岩层的地基系数不同，弹性地基对弹性板的挠曲变形有着重要的影响作用[81,82]，所以将覆岩结构和弹性板理论相结合，可以对采动条件下上覆岩层挠度、弯矩的变化规律做出力学解释。

1.2.2 覆岩移动变形的试验方法

对于覆岩移动变形的研究，目前国内外普遍采用的试验研究方法有现场试验、相似模拟试验及数值模拟试验三种。

1.2.2.1 现场试验

对于采场上覆岩层的移动和变形研究，主要通过钻孔安装深基点位移计的手段对工作面开采过程中覆岩的移动变形进行观测，从而得到内部岩层的下沉值，用以评价采动过程中覆岩的破断[49]及移动变形[83~86]情况。需要特别指出的是，覆岩岩层与地表的移动变形之间存在着密切联系，地表的沉陷是覆岩移动变形的表现，所以根据两者之间的关系可以建立利用地表沉陷观测成果预计覆岩的移动变形模型[14,15,26,87]。张玉军、高保彬、熊祖强等[43~45,88~92]运用钻孔电视试验手段对煤层开采上覆岩层采动前后裂隙的倾角、数量和宽度等指标进行探测，结合钻孔双端封堵注水漏失水量统计数据，得到采空区上部裂隙的发育及演化规律。另外超声成像、地质雷达法、电磁波成像法及瞬变电磁法等物探手段[93,94]也被应用于采空区覆岩破坏的探测中，用于水体下采煤的安全性评价及防水煤岩柱的留设。由此可见现场施物理探测手段能够直观地观测覆岩的破坏情况，但是对于覆岩的移动变形无法定量化，虽然现场钻孔基点观测具有直观、可靠、定量的优点，但是受限于现场试验条件，以及现场观测耗费时间长、费用较高、监测困难，现场应用相对较少。

1.2.2.2 相似模拟物理试验

对于覆岩“两带”发育高度、地表及覆岩移动特征、采场应力变化以及工作面推进过程中裂隙演化规律，学者通过相似模拟试验的手段进行了深入研究。比如：B. N. Whittaker 等[95]分别建立了不同岩层强度的试验模型，研究了岩层强度对覆岩裂隙发育密度、岩层断裂角的影响。黄艳丽等[96]通过工作面不同推进距离下覆岩的下沉曲线，得到了覆岩“三带”高度的动态变化。李全生等[97]利用相似模拟手段对下煤层开采对上煤层工作面巷道的采动影响规律进行研究，得到了上煤层工作面周围的应力变化和巷道变形规律，为巷道煤柱尺寸的优化提供了依据。崔希民等[98]以潞安常村矿 S_{1-2}工作面为地质背景，通过相似模拟试验对比分析了综放开采和分层开采工作面推进过程中覆岩破坏和岩层破断情况。

黄炳香、许家林、熊祖强等[43,99~103]探讨了覆岩关键层对覆岩移动变形的控制作用，分析了主关键层位置对下保护层卸压高度的影响以及关键层破断前后采动裂隙的发育演化规律，为利用采煤过程中岩层移动对瓦斯的卸压作用并根据岩层移动规律来优化抽放方案、提高抽出率提供依据。马占国等[104]通过物理模型试验，研究了下保护层工作面推进过程中采动覆岩结构运动规律、采动裂隙动态演化与空间分布特征、被保护层的应力应变和膨胀变形规律，确定了采空区四周离层裂隙的“O”形圈发育位置，为被保护层瓦斯抽采提供依据。

1.2.2.3 数值模拟试验

目前，用于在岩土工程领域的数值分析方法主要有有限单元法、边界元法、有限差分法等，其中，有限差分法分析软件 FLAC/FLAC3D 和离散元分析软件 UDEC 在地基工程、隧道围岩稳定性、边坡稳定性、开采沉陷、岩层移动等计算中得到了广泛的应用，取得了较好的效果。

目前在岩土工程领域运用较多的数值模拟方法有离散元法、有限差分法以及有限单元法等，其中离散元数值模拟软件 UDEC 和 3DEC，以及有限差分法的 FLAC/FLAC3D 被广泛应用到模拟煤层开采引起的覆岩变形及破坏中。其中谢和平等[105]通过对比概率积分法与 FLAC 数值模型计算结果，认为数值模拟方法能够弥补一般经典方法的不足，能够作为开采沉陷预计的一种新方法，此后多位学者[106~109]对复杂地质条件下地表及岩体内部的移动基本规律进行了研究，对现场开采具有一定的指导作用。比如，许家林等[50]利用离散元分析软件对主关键层破断对地表下沉速度和地表移动影响边界进行了模拟。A. M. Suchowerska 等[110]建立数值模型，对非充分开采条件下的多煤层开采区段煤柱在不同开采和地质条件下所受竖直应力的大小及分布规律进行了研究。彭苏萍等[86]在现场实测的基础上建立了数值模型，对弯曲下沉带内巷道的变形和岩层移动规律进行了研究，为巷道煤柱的留设提供依据。郭帅等[38]在充填开采井筒保护煤柱范围的划分研究中，提出了剖面法设置煤柱边界、理论计算与数值模拟相结合，逐渐缩小边界的充填开采井筒保护煤柱综合留设方法及设计流程。

需要注意的是，考虑到工程地质的复杂性，模型输出结果完全取决于建模方法、输入参数、模型结果验证等诸多方面，因此错误的模型必然导致错误的结论，而且实验室得到的力学参数通常需要在模型中进行校验修正，反复调试煤岩体输入参数使模型输出结果与现场实测结果相匹配。另外数值模型中很难对冒落岩块的体积膨胀效应以及裂隙的诱发及扩展进行有效模拟[111,112]。对于煤层上覆岩层的破坏，数值模型是通过破坏准则对计算单元的应力状态进行计算来判断的。认为塑性屈服用来描述煤岩体的破坏缺少相应的物理意义[113]，于是对于处于塑性屈服状态下的煤岩体来说，其产生的采动裂隙如何来表示导水裂隙带内的导水能力目前尚不清楚。上述因素制约着数值模拟结果在工程中的直接应用，但是可以作为定性的分析工具，用来分析不同地质条件和采矿条件下，模型输出参数的变化规律。

综上所述，对比覆岩移动变形试验方法的优缺点，发现现场试验虽然能够直观地对覆岩的移动变形进行分析，但是受约束条件较多，而且上述三种手段都无法对覆岩移动变形的机理进行很好的解释。只有将数值模拟与现场实测数据对比校验，才能再现采动过程中覆岩的移动变形以及采场上覆岩层压力分布规律。所以必须采用力学模型和数值模拟相结合的方法来研究覆岩移动变形规律。

1.2.3 覆岩移动变形的预计方法

1.2.3.1 *覆岩移动变形的静态预计方法*

众所周知，由于岩体构成与地质构造的影响，从而形成其物理力学性质的复杂性，必然给解决采矿技术中所遇到的岩体力学问题增加了难度。特别是对于大面积开采而引起上部岩体移动和变形规律的研究，其技术难度更大。在大多数的岩体数学计算中，将岩体假定为连续介质，且各向同性，目前对于覆岩变形的数学预计方法主要包括高斯影响函数法、概率积分法、科赫曼斯基与柯瓦尔契克法以及积分网格法。其中概率积分法被国内外学者广泛应用于覆岩的变形计算中[10,114]。

概率积分法，又称随机介质理论法，最早是由波兰学者李特威尼申于20世纪50年代将其引入岩层及地表移动的研究中[115]。我国学者刘宝琛、廖国华[116]将概率积分法全面引入我国，至今此法已成为预计开采沉陷的主要方法。该理论假设矿山岩体中分布着许多原生的节理、裂隙和断裂等弱面，可将采空区上覆岩体看成是一种松散的介质。将整个开采区域分解为无穷多个无限小单元，把微单元开采引起的地表移动看作是随机事件，用概率积分来表示微小单元开采引起地表移动变形的概率预计公式，计算得到单元下沉盆地下沉曲线为正态分布的概率密度曲线，从而叠加计算出整个开采空间引起的地表移动变形。

由于地表移动变形是覆岩移动变形的表现，且地表移动变形易于观测和分析，国内外对于地表开采沉陷的预计方法[25,117~124]和实践[13,119,125~127]比较成熟，所以将覆岩与地表的移动变形相结合，利用地表移动变形预计的众多研究成果来研究覆岩移动变形，成为国内外学者常用的研究方法。1981 年我国学者刘宝琛等[128]根据矿体在埋藏足够深以及煤层开采厚度不很厚的情况下，垮落带和裂隙带往往不能直通地表，地表及大部分覆岩处于连续变形带内，利用随机介质理论研究了开采沉陷影响在岩体内部的传播规律，提出半无限开采条件下，平面问题岩体内部点的下沉公式：

$$W(x,\ z) = \frac{W_{\max}}{\sqrt{\pi}}\int_{-\sqrt{\pi}\frac{x_z}{r_z}}^{\infty} \mathrm{e}^{-\lambda^2}\mathrm{d}\lambda = \frac{W_{\max}}{2}\left[\operatorname{erf}\left(\frac{\sqrt{\pi}}{r_z}x_z\right) + 1\right] \tag{1-1}$$

式中，$r_z = \left(\frac{H - Z}{H}\right)^n R$，$n$ 为与岩体力学性质有关的参数；z 为岩层与煤层的垂距。

覆岩的移动变形预计中，地表及覆岩的影响半径和下沉值如图 1-1 所示。

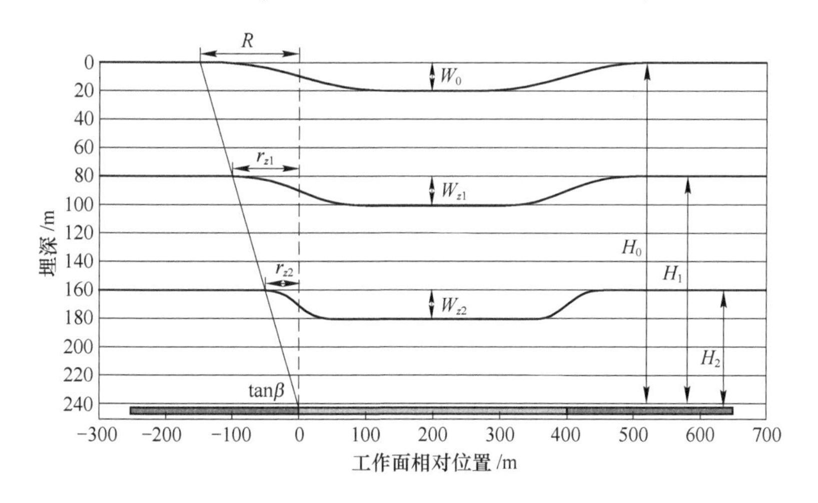

图 1-1　覆岩及地表下沉示意图

Shu 等[14,15]假定地表及岩层下沉主断面上各点的下沉矢量朝向采空区中心的位置、覆岩与地表下沉盆地剖面曲线相似，且岩体采出体积与地表下沉盆地体积相等，由此建立了工作面开采范围与主要影响角为参数的地表与覆岩的移动变形预计函数。Qiu 对概率积分函数进行修正，建立了相邻岩层下沉曲线的函数关系，以下部岩层的下沉剖面作为积分空间，从而依据概率积分法得到上部岩层的下沉曲线。郭麒麟等[129,130]基于随机介质理论推导了地下开采影响下的单个剖面岩体内部移动变形计算公式，利用定义函数的形式，通过计算机编程实现了双向非充分开采对上覆岩土体的移动变形的计算，并对平煤集团十矿的北回风井保安煤柱以外开采对井筒变形的影响进行了计算。

由上述的研究成果可知，决定覆岩移动变形预计精度的参数主要有上覆岩层的下沉系数 q，以及主要影响半径 r_z。

A　下沉系数 q

不同埋深岩层下沉系数 q 的差异，主要是由采空区上方岩体卸压破裂产生碎胀效应以及岩体非连续变形造成的离层现象引起的[35]。由于垮落带岩石的碎胀系数、岩体间空隙，以及裂缝带、弯曲带岩层的离层现象，导致开采沉陷向上覆岩层依次传递过程中，下沉值逐渐减小。影响上覆岩层下沉系数的因素包括采矿技术和岩石强度，其中采矿技术因素包括煤层开采方法（充填开采、综放开采、分层开采）以及采空区尺寸（涉及采动系数）。

基于随机介质理论的概率积分法预计模型假设岩土体断裂形成的岩块足够小，所以当开采空间相对于岩土体破碎和断裂尺寸足够大时，才能符合随机介质理论的要求，如果在采空区开采范围较小的情况下，由于覆岩内硬岩的作用，阻止下沉位移向上传递，就会影响下沉系数的衰减规律，在实际工程案例中会导致概率积分法预计存在误差[118,131]。另外煤层的开采高度不同，对上覆岩层的扰动则不同，综放开采相对分层开采和充填开采而言，一次开采厚度越大，覆岩冒落带和裂隙带高度发育越高，上覆岩体膨胀效应就越大，所以覆岩下沉系数表现出不同的规律[132,133]。对于采空区上方破裂的岩体，若岩石强度较大，则破裂后形成的块体尺寸较大，形成的碎胀系数反而越小。然而当重新压实的压力较小时，块度对碎胀系数起主导影响作用，当压力增大时，碎胀系数主要取决于岩块的压缩量和破碎率，这时主导作用是块体的强度[134,135]。

B　主要影响半径 r_z

学者通过大量的开采实践活动对覆岩内主要影响半径 r_z 进行了研究[10,64,128,136,137]，认为岩体内部下沉边界线不是一条直线，而是一条曲线[138~142]。将 r_z 表达为岩层距采空区距离与表征上覆岩层力学性质的主要影响角正切值 $\tan\beta$ 的函数关系：

$$r_z = \frac{H - z}{\tan\beta_z} = \left(\frac{H - z}{H}\right)^n R \tag{1-2}$$

由于对于整个厚度为H的覆岩来说，其各个组分的岩性总是复杂多变的，岩层厚度（$H-z$）岩性总是随着z的变化而变化，所以定义主要影响半径指数作为表示开采主要影响半径在岩体内部传播形态的参数。虽然当n取不同值时能够表达主要影响半径在岩体中的传播曲线，但是由于岩体由不同岩性的岩层组合而成，不同强度的岩层组合形式各异，可能出现局部n大于1，而上部若干岩层n小于1的情况，应该根据岩层的岩性区别给出。对于n的取值，目前研究成果没有给出一个统一的参考值[36,136,137]。由于岩体内部移动实测数据难于获取，给研究带来了很大的困难。到目前岩体内部移动边界的具体分布形态依然没有定论。

综上所述，国内外学者对于覆岩移动变形的概率积分法的研究取得了一定成就。采用现场钻孔基点观测岩层的移动，对于上覆岩体的下沉规律有了统一的认识，认为随着距采空区距离的增加，下沉系数呈现衰减性，而且主要与岩层的岩性有关。然而由于现场观测覆岩影响半径难度较大，对于此方面研究较少，因此无法准确地运用函数公式来表示岩层内下沉曲线。由于岩体本身属性及其运动的复杂性，不能只从表现形式来对地表移动变形规律进行研究，通常要加以其他手段与方法才能对造成移动变形规律的内在机理进行揭示。因此就研究手段而言，已经由原来的单一现场实测、物理实验到将其与现代的力学分析、数值模拟研究相结合。探寻在上覆岩层的载荷作用下，煤壁上方岩层弹性板结构的下沉曲线；掌握层状岩层下沉曲线随岩层结构、岩性的变化规律，进而提出岩层内主要影响半径的确定方法；从而确定合理的概率积分法预计参数，建立覆岩移动变形的预计模型。

1.2.3.2 地表及覆岩动态移动变形的预计

地下开采引起的地表沉陷是一个时间和空间的过程，开采过程中回采工作面与地表点的相对位置不同，开采对地表点的影响也不相同。在生产实践中，仅根据稳定后的沉陷规律，对于解决现场实际问题是远远不够的，往往需要对下沉的动态过程进行研究，掌握地表及覆岩岩层点的下沉速度变化规律，以便对地表及覆岩移动变形的剧烈程度及位置做出判断，从而有计划地对地表构筑物（房屋、堤坝、公路及铁路等）以及覆岩内构筑物（硐室、巷道等）进行防护和治理。

国内外对采煤引起的岩层及地表动态变形已有较深刻的研究，例如，国外学者 Knothe 最早将时间函数引入到地表动态下沉的预测中，而后众多学者在

Knothe 时间函数的基础上做了大量研究，并根据地表移动变形和时间函数之间的物理意义，对 Knothe 时间函数进行改进，研究成果能够对地表点下沉的全过程做出准确的预测[143,144]。黄乐亭等[145]根据地表动态沉陷过程中地表下沉速度的不同，将地表下沉的全过程划分为下沉发展、下沉充分和下沉衰减 3 个阶段；地表动态移动变形特征的研究方面，郭文兵等[146~148]学者研究了工作面开采过程中地表下沉点的动态变化规律，以及地表在移动变形各个阶段表现出的特殊现象，并通过研究地表观测线的动态移动变形参数，比如启动距、最大下沉速度滞后距以及超前影响距，以此建立动态移动变形的预计模型[149~153]。学者胡戴克[154]和李德海[155]通过分析覆岩岩性对地表移动过程时间影响参数的影响，根据大量的实测资料确定了时间影响参数与覆岩岩性参数、采深的关系式；邓喀中等[156]利用最大下沉速度与工作面的相对位置关系，求出了采动过程中地表任意点、任意时刻下沉速度的预计公式，但没有考虑在未达到走向充分采动的过程中，地表动态移动变形参数的变化，因此不适用于整个开采阶段的动态移动变形预计。

上述地表移动变形的众多研究成果指导了大量的地表移动变形的预计以及地表构筑物的防护工作。同理，多煤层开采中开采煤层上部的巷道和硐室，以及井筒保护煤柱开采中的主副井井筒，同样需要对覆岩动态移动变形进行研究，以便采取相应的保护措施。国内外对于覆岩动态移动变形的研究较少，主要原因是覆岩移动变形的现场实测资料较少，很难通过现场数据进行规律性研究，难以预计动态移动变形，因此需要将地表移动变形规律及预计方法应用于覆岩动态移动变形中。可通过地表实测数据与数值模拟结果相结合的方法，对覆岩动态移动变形规律及预计模型进行研究，以此来指导地表及覆岩构筑物的保护工作。

1.2.4　覆岩移动变形与覆岩破坏的关系

对于覆岩移动变形与覆岩破坏的关系方面，主要是通过覆岩移动变形的变形参数来对覆岩导水裂缝带内裂隙岩层导水能力进行衡量，以此来判读导水裂隙带的发育高度和分析覆岩裂隙分布规律。现有的研究中，关于垂直方向的变形参数主要是离层率或者空隙率[157]，即不同水平岩层的下沉差与层间距的比值；水平方向上变形参数的一种表示方法是岩层的水平变形，如图 1-2 所示，水平变形 ε 为采动前后相邻两点水平距离差与两点间水平距离的比值。

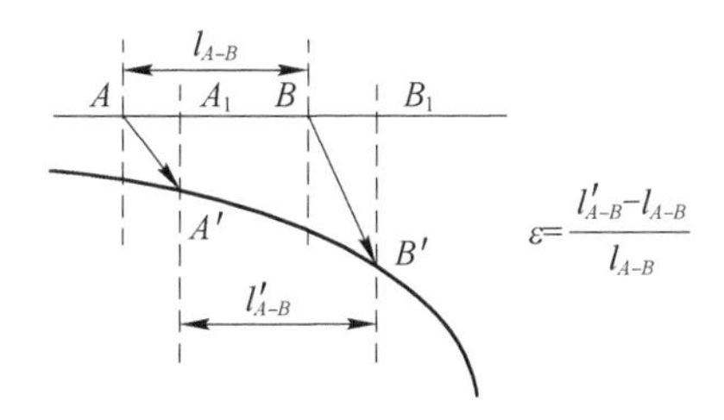

图 1-2 水平变形示意图

水平方向上变形参数的另外一种表示方法为沿层面方向的层面拉伸率[158~161]。该方法不考虑变形后相邻两点之间的水平距离变化，只考虑下沉造成两点之间长度的改变。层面拉伸率 ε_S 为变形前后两点间长度差与两点间水平距离的比值，如图 1-3 所示。

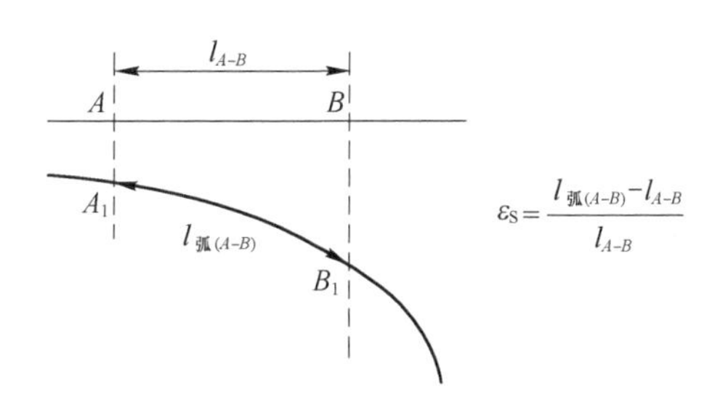

图 1-3 层面拉伸率示意图

覆岩水平移动参数不容易观测，并且目前研究中还没有掌握地表水平移动参数在覆岩中的变化规律，因此较多运用层面拉伸率来表示岩层水平方向裂隙的张开度以及裂隙的密度[162]，从而对覆岩的导水性进行判断。

对于采动岩体的沉陷盆地的数学表示，学者采用了不同的计算方法，首先是被广泛应用于地表及覆岩移动变形的概率积分法[159,163]，该种方法在地表移动变形的应用较多，在覆岩移动变形中需建立地表预计参数与覆岩预计参数之间的关系，从而为覆岩参数的选取提供依据，但是目前对于覆岩预计参数的确定没有统一的认识。高延法等[161]通过岩层移动的特点，提出了岩层中间层的概念，利用两段圆弧拟合岩层下沉盆地内外边缘曲线。宋颜金等[164]采用弹性板理论中薄板的挠度曲线对采动岩层的下沉进行表示。Shu[14,15]假定不同岩层下沉盆地的沉陷体积均等于采出空洞的体积，建立了不同水平岩层的下沉计算公式。但是上述表示下沉盆地的方法，是实验室或者理论推导所得，一般与现场实测资料没有直接的联系，很难通过现有的地表沉陷实测资料得到计算方法的参数。

地表移动变形是岩层移动变形的外在表现，而岩层移动变形是造成覆岩破坏及裂隙发育的根本原因，因此可以利用地表移动变形为覆岩破坏及裂隙发育规律的研究提供参考依据。概率积分法被广泛应用于地表移动变形的计算中，中华人民共和国成立以后，各地矿井进行了大量的地表沉陷实测，积累了丰富的地表概率积分法参数数据，为研究覆岩移动变形提供了大量的参考依据。因此有必要通过概率积分法计算覆岩的移动变形，建立衡量覆岩破坏及裂隙发育的移动变形参数的计算方法。

1.2.5 存在的问题

(1) 近几十年计算机的普遍应用，使得数值模拟成为研究采动岩体应力和变形的主要手段之一，但是岩体的复杂性令数值建模和参数选取较为困难，目前主要依靠研究人员的经验，模拟的可靠性不尽相同。

(2) 学者对于地表动态移动变形特征及变形预计研究较多，但是对于覆岩岩层的动态变形鲜有报道，需要将地表动态移动变形规律及预计方法应用于覆岩动态移动变形中。因此可通过地表实测数据与数值模拟结果相结合的方法，对覆岩动态移动变形规律及预计模型进行研究。

(3) 目前对于覆岩移动变形概率积分法的预计参数尚未形成统一的认识，使得在实际工程应用中概率积分法预计存在误差。

(4) 在岩层移动变形对覆岩破坏及裂隙发育判定的研究中，实验室或者理论推导所得下沉盆地计算公式与现场实测资料没有直接的联系，很难通过现有的地表沉陷实测资料得到计算方法的参数。

1.3 主要研究内容

本书的研究内容主要包括以下三个方面：

(1) 采动覆岩移动变形机理。在研究采场支承压力分布的基础上，建立覆岩岩层支承压力分布函数，并通过数值模型对工作面推进过程中支承压力分布的变化规律以及不同埋深水平岩层的支承压力分布变化规律进行研究，根据采场上覆岩层载荷守恒原理得到不同埋深水平采空区应力恢复变化规律。利用弹性板理论，建立岩层移动变形的挠曲微分方程力学模型；以基本顶为例进行求解，证明力学模型的合理性。然后分析力学模型中输入参数效应，最后以上述岩层的支承压力分布规律为基础，利用力学模型对不同埋深岩层的下沉挠度进行计算，对比分析数值模型中位移场的变化规律，揭示覆岩移动变形的机理及覆岩移动变形特征。

（2）地表及覆岩动态移动变形规律及预计模型。以裴沟煤矿地表移动观测站的观测数据为基础，对地表动态移动变形特征进行研究，得到工作面推进过程中断面最大下沉速度及下沉速度滞后距的变化规律，构建地表主断面下沉速度预计模型。然后通过数值模拟手段，对覆岩不同埋深水平岩层的动态变形参数变化规律进行研究，建立覆岩岩层动态移动变形预计模型。

（3）覆岩移动变形预计模型以及采动裂隙发育计算方法。在覆岩移动变形机理分析的基础上，通过现场数据以及数值模拟结果，对覆岩移动变形的概率积分法参数进行修正，建立覆岩移动变形的预计模型。分析覆岩破坏的特征，认为采空区覆岩裂隙的产生和扩展都与岩层的移动变形密切相关，提出采动岩层的层面拉伸率和层间拉伸率作为覆岩裂隙发育的判定指标，根据对覆岩内部移动变形的计算，进而对采动覆岩导水裂隙带高度进行计算，建立采动覆岩裂隙的计算方法，并应用于具体案例。最后对覆岩采动裂隙的发育规律及影响因素进行研究。

1.4 研究方法及技术路线

本书所采用的研究方法如下：

（1）现场实测研究。在郑煤集团裴沟煤矿建立地表移动观测站，开采过程中对地表移动变形进行观测，为数值模型的校核、地表及覆岩移动变形预计参数的确定提供依据。在井下进行覆岩导水裂隙带高度的钻孔电视观测工作，确定该矿采空区导水裂隙带发育的高度，为确定覆岩破坏及裂隙发育的移动变形指标提供依据。

（2）数值模拟。通过数值模拟方法，对工作面开采过程中采场及上部岩层支承压力的变化规律、覆岩的破坏过程进行研究，掌握覆岩应力场和位移场的联系，并为岩层弹性板模型的构建提供依据。

（3）理论分析。通过弹性板理论，在覆岩应力场分布规律的基础上建立岩层挠曲微分方程力学模型，揭示覆岩移动变形的形成机理。利用非线性曲线拟合理论对地表移动变形预计参数进行求取，对地表及覆岩的动态参数进行拟合，得到地表及覆岩动态参数的表达式，进而建立覆岩动态移动变形的计算模型。通过对覆岩破坏特征的分析，引入层间拉伸率和层面拉伸率来表示采动裂隙的发育，然后通过覆岩移动变形的计算来研究采动裂隙发育的规律。

具体技术路线如图 1-4 所示。

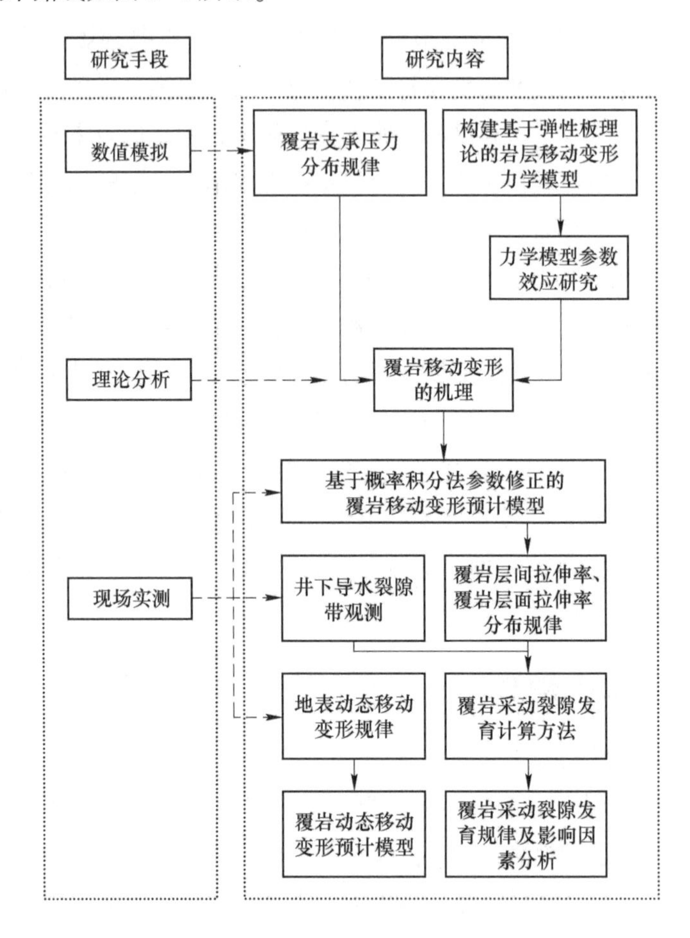

图 1-4　技术路线图

2　采动覆岩支承压力分布规律

煤层开挖以后，采场周围岩体的原始平衡状态遭到破坏，应力重新分布，形成采动岩体。采动岩体在竖直方向上可划分为冒落带、断裂带和弯曲下沉带，其中位于断裂带基本顶以上岩层虽然产生变形破坏，形成离层和断裂，但仍能够保持层状结构[165]。从采动岩体的应力空间上来看（见图2-1），采空区冒落带岩块在上部岩体的载荷作用下逐渐压实，其应力逐渐恢复到原岩应力水平，因此上部岩层的挠度曲线决定了采空区应力恢复距离的大小。而采空区周围煤壁侧围岩由于承载着应力衰减区岩层的重量，形成支承压力，因而从开采空间的应力平衡来看，采动岩层支承压力与覆岩的移动变形具有密切联系[166]。

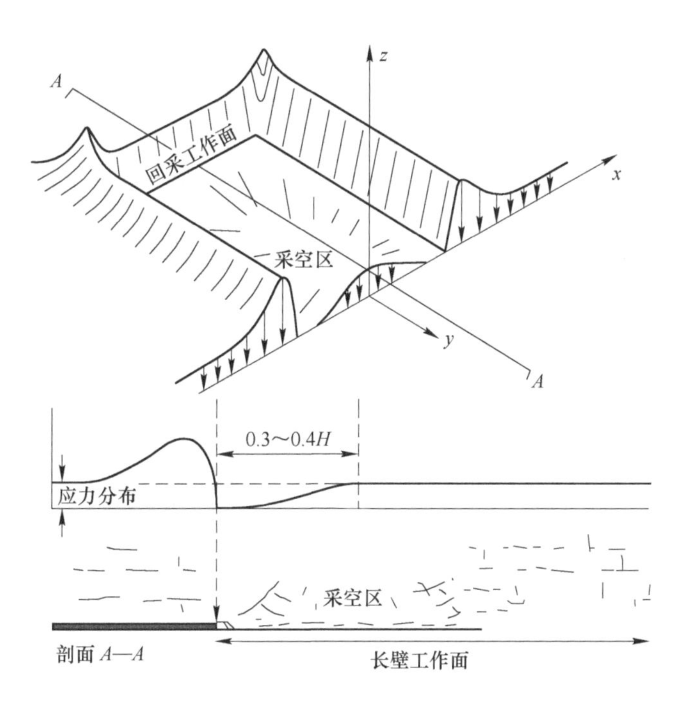

图2-1　长壁开采工作面采空区周围应力场分布图[167]

由于采场支承压力涉及回采巷道的位置以及护巷煤柱的留设，并且现场实测较为容易实施，所以学者对于煤层支承压力的研究较多，但是对于煤层上方覆岩的支承压力，由于在现场实施观测较困难，所以一般采用理论分析和数值分析手段。本章首先对采场支承压力的分布规律进行分析，然后探讨采场支承压力和覆岩支承压力的关系，最后借鉴采场支承压力的表达形式，利用数值模拟手段研究覆岩支承压力的函数表达以及分布规律。

2.1 采场支承压力计算方法

对于支承压力的概念，认为岩体开挖后，采动围岩必然出现应力重新分布，一般将改变后的垂直应力增高的部分称为支承压力，但是在众多研究中讨论的是全部的垂直应力，显然煤层采出后，在围岩应力重新分布的范围内，作用在煤层、岩层和矸石上的垂直压力称为“支承压力”。

采场支承压力是采空区上部载荷转移至煤壁前方煤岩体的结果，支承压力引起的采场围岩变形对巷道维护、煤壁片帮以及回采工作面落煤均有直接的影响，并且采场支承压力的分布规律还与冲击地压、煤与瓦斯共采有关。目前关于采场支承压力分布规律的研究方法，主要包括巷道变形量观测以及矿压应力测量等实测方法、实验室相似模拟以及数值模拟方法。通过理论计算以及现场矿山压力观测等手段得知，煤层开采工作面前方支承压力影响范围在15~40m，支承压力峰值与煤壁的距离为5~12m。采场支承压力的大小及其位置受开采煤层高度、煤层力学性质以及煤层埋深等因素影响。另外工作面支承压力参数是不稳定的，其随着工作面推进会发生较大变化，本书暂不考虑工作面推进过程中上部坚硬岩层(基本顶以及关键层）运动对于采场支承压力的影响[168]。

若将煤体视为各向同性均匀连续介质，当煤壁前煤体受剪切作用，其应力状态满足莫尔-库仑破坏准则时，煤体发生塑性变形，该区域为塑性区，由于该范围内岩体所处的应力圆与其强度包络线相切，处于极限平衡状态，因此该区域又称为极限平衡区。随着与煤壁距离的增加，煤体处于弹性区[169]。煤体极限平衡区和弹性区的位置如图2-2所示。

根据莫尔-库仑强度准则，可知在煤柱极限平衡处若用煤柱所受主应力的表达形式[170]，则有

$$\sigma_1 = \sigma_0 + k\sigma_3 \tag{2-1}$$

式中，σ_1 和 σ_3 分别为煤柱屈服破坏时的第一主应力和第三主应力，MPa；k 为

莫尔-库仑强度线的斜率，可用 $(1+\sin\varphi)/(1-\sin\varphi)$ 来表示，其中 φ 为煤体的内摩擦角，(°)；σ_0 为煤的单轴抗压强度，MPa。

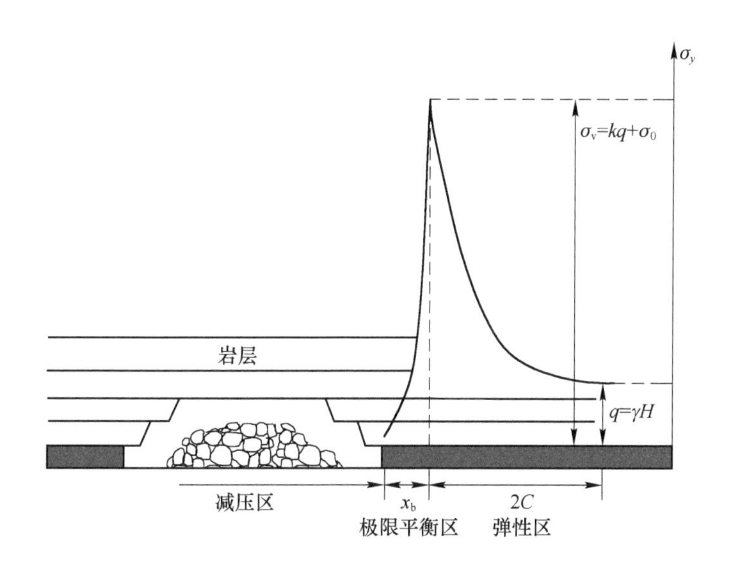

图 2-2 采场支承压力分区示意图

对应于煤柱的应力条件，若煤壁处水平侧向支撑力为 0，于是煤柱极限平衡处支承压力 σ_v 为

$$\sigma_v = \sigma_0 + kq \tag{2-2}$$

式中，q 为煤层所在水平的静水压力值，等于 γH，MPa。

因此应力集中系数 $K = k + \sigma_0/q$ 。

对于塑性区竖直应力函数 σ_y 来说，有

$$\sigma_y = k(p + p')\exp(xF/M) \tag{2-3}$$

式中，p 为煤壁处侧向支撑力，MPa；p'为单轴抗压残余强度，等于 $\sigma_0'/(k-1)$，MPa；x 为煤体与采空区侧煤壁的距离，m；M 为煤层开采高度，m；F 为关于 k 的参数，并有

$$F = \frac{k - 1}{k^{1/2}} + \left(\frac{k - 1}{k^{1/2}}\right)^2 \tan^{-1}(k^{1/2}) \tag{2-4}$$

由式（2-3）可知煤体内垂直应力函数表达式是以煤体内计算点与煤壁的水平距离 x 为自变量，定义极限平衡区临界位置（即塑性区与弹性区的界面）与煤壁的距离为 x_b，x_b 可以通过下式进行求取：

$$x_{\mathrm{b}}=\frac{M}{F}\ln\left(\frac{q}{p+p'}\right) \tag{2-5}$$

煤体弹性区的垂直应力为

$$\sigma_{y}=(\hat{\sigma}-q)\exp[(x_{\mathrm{b}}-x)/C]+q \tag{2-6}$$

式中，C 为支承压力在弹性区影响距离的一半，m。

根据图 2-3，为了确定支承压力在弹性区影响距离 $2C$ 的大小，根据工作面前后载荷平衡的原理，认为采空区衰减载荷的大小与支承压力附加载荷的大小相等，于是有

$$A_{\mathrm{W}}+A_{1}=A_{3}+A_{\mathrm{s}} \tag{2-7}$$

其中

$$A_{\mathrm{s}}=\int_{x_{\mathrm{b}}}^{\infty}(\sigma_{\mathrm{v}}-q)\mathrm{d}x=C(\sigma_{\mathrm{v}}-q) \tag{2-8}$$

$$A_{\mathrm{b}}=A_{2}+A_{3}=\int_{0}^{x_{\mathrm{b}}}\sigma_{\mathrm{v}}\mathrm{d}x=k\frac{M}{F}(q-p-p') \tag{2-9}$$

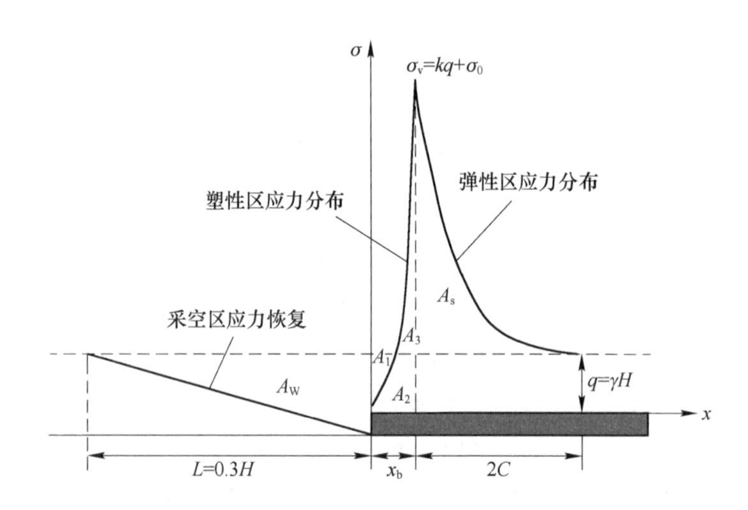

图 2-3 采场垂直压力分区示意图[110,170]

由于应力 p' 和 p 相对于均布载荷 q 来说小很多，所以忽略其大小。于是在工作面走向尺寸大于 0.6H 时，支承压力峰后的影响距离 $2C$ 可以通过下式进行计算：

$$C=\frac{0.15H+x_{\mathrm{b}}-Mk/F}{(k-1)+40\sigma_{0}/H} \tag{2-10}$$

综上所述，采场支承压力可以用垂直应力在极限平衡区和弹性区的表达式来表示，分别为式（2-3）和式（2-6），支承压力峰值的位置 x_b 可通过式（2-5）求取。由式（2-5）可知，支承压力峰值位置的影响因素包括煤层开采高度 M、煤的力学性质（参数 k 和 p'）以及煤层埋深 H（与参数 p 有关）。

2.2 采动覆岩支承压力分布特征

2.1 节对采场支承压力的分布规律进行了研究。根据调研，认为采场支承压力是上覆岩层挠曲形成的上位支承压力沿深度向煤层扩散衰减后叠加的结果[171]，因此采场支承压力与覆岩支承压力有着密切的联系。钱鸣高等[31,32]通过有限元方法对作用在覆岩关键层上的载荷进行了研究，认为受采动影响的覆岩其上部的载荷不可视为均布载荷，而是类似于支承压力的非均匀分布形式，如图 2-4 所示。图 2-4 中采动岩层上部的载荷可以分为增量载荷部分和均布载荷部分，其中均布载荷为覆岩上部岩体的重量所引起的压力，增量载荷是采空区破断岩层上部载荷向煤岩柱转移的结果。按照 Winkler 弹性地基理论，岩层下部弹性地基压缩变形并产生地基反力，并且地基反力的大小与其压缩量成正比，因此在弹性区与塑性区的交界处支承压力达到最大。以支承压力峰值处为界，其前方地基处于弹性区，而峰值后方地基处于塑性区[172,173]。

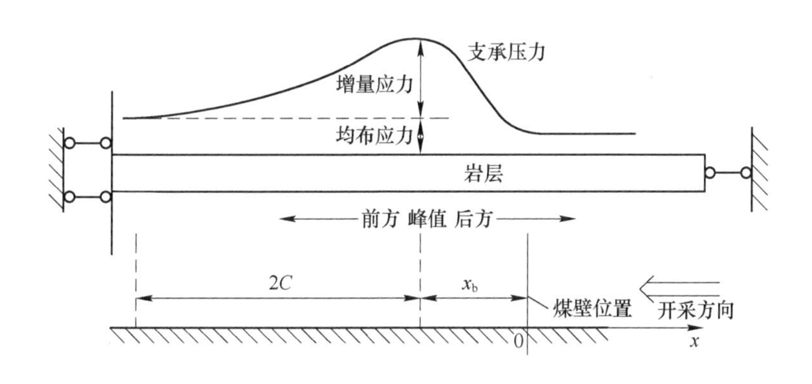

图 2-4 采动岩层所受载荷分布

对于上覆岩层支承压力分布曲线的描述，参考煤层支承压力理论计算式（2-3）和式（2-6），以工作面开采煤壁位置为坐标原点，则支承压力峰值前的载荷为

$$\sigma_v(x) = \sigma_0[(K-1)e^{\frac{x+x_b}{C_L}} + 1] \tag{2-11}$$

式中 $\sigma_v(x)$——工作面走向方向上岩层的载荷，MPa；

σ_0——岩层原岩应力，等于$\sum\gamma_i H_i$（其中 $i=1, 2, 3, \cdots, n$），MPa；

K——应力集中系数，等于$\sigma_v(x)_{max}/\sigma_0$，MPa；

x_b——支承压力峰值位置，即支承压力峰值与煤壁的距离，m；

C_L——支承压力峰前影响距离参数，即支承压力峰值处与应力减小到原岩应力处距离的1/2值，m。

由图2-4可以看出，岩层的应力值随着与煤壁的接近，由无穷远处的原岩应力增加到支承压力的峰值，然后逐渐衰减，在采空区上方最小；并且在峰前弹性区增加的速度小于塑性区内应力衰减的速度，如果峰后塑性区的竖直应力分布规律也采用指数函数关系式，那么峰后载荷可以表示为

$$\sigma_v(x) = (K-1)\sigma_0 e^{\frac{-x-x_b}{C_R}} + \alpha\sigma_0 \tag{2-12}$$

式中，C_R 为支承压力峰后影响距离参数，即支承压力峰值处到峰后原岩应力处距离的1/2值，m。

由式（2-12）可知，当 $x=-x_b$ 时，应力在支承压力峰值位置的计算结果相等，都等于 $K\sigma_0$。当 $x>0$ 时，即在采空区上方的岩层所受载荷逐渐趋于 $\alpha\sigma_0$，其中 α 为原岩应力衰减系数，表示在不同采动程度下，采空区上方覆岩的应力恢复水平。如图2-5所示，当工作面开采尺寸大于0.6倍采深时，采空区中部能够达到原岩应力状态，原岩应力衰减系数 $\alpha=1$；当工作面走向或倾向开采宽度 $W<0.6H$时，由于采空区尺寸未达到应力恢复的距离，采空区中部的应力衰减系数 $\alpha=W/(2H\tan\beta)$，其中 β 为支承压力扩展角，若采空区的应力恢复距离为0.3倍采深，则 β 为16.7°。

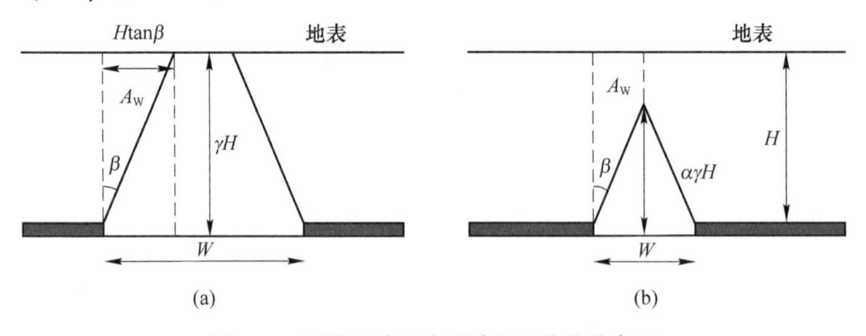

图2-5 不同开采尺寸下采空区载荷分布图

（a）$W>0.6H$；（b）$W<0.6H$

2.3 采动覆岩支承压力分布规律研究

2.2 节对采动覆岩支承压力的表达函数进行了表述，由于采动岩层研究对象的复杂性，很难通过建立应力的数学函数来求取采动岩层上部载荷的解析解，因此本节以郑煤集团裴沟煤矿 31071 工作面的实际情况为背景，采用 Itasca 公司开发的离散元程序 3DEC 数值模拟软件对采动覆岩的应力场进行研究，以期求得采动岩层支承压力的分布规律，为后续覆岩移动变形的力学模型求解提供参考。

2.3.1 数值模拟方案

2.3.1.1 软件简介

3DEC 是 3Dimension Distinct Element Code 的缩写，为三维离散单元程序，是 UDEC 数值模拟软件的三维版本。该数值模拟软件是基于离散单元法理论，用以表达离散介质力学的计算分析程序。

该软件将宏观物理介质用连续特征和非连续特征来表示，以岩体为例，将岩体用连续特征（岩块）和非连续特征（结构面）两个基本元素来表示。其中连续特征对象（岩块）为凸多边形，服从可变形或者刚性受力变形。连续特征通过非连续特征实现相互作用，并通过力学定律来表示连续特征对象的相互滑动或者脱开行为。如果将介质理想化为完全连续体，3DEC 程序可以退化为 FLAC3D 连续介质力学程序[174]。

3DEC 程序中的非连续特征能够很好地表达矿山开采中遇到的断层、节理和接触面，并对上述结构面的滑动、张开和闭合进行很好的模拟计算。如前所述，煤层上覆岩层以层状结构存在，该程序能够对煤层开挖中上覆岩层出现的破裂、破断引起的移动变形进行较好的计算，能够准确地还原煤层工作面开采对上覆岩层力学响应，从而揭示采动岩体的应力场和位移场的变化规律。

2.3.1.2 模型地质条件

本书相关研究以郑煤集团裴沟煤矿 31071 工作面为工程背景，裴沟煤 31071 工作面开采煤层为二叠系山西组下部二$_1$ 煤层，煤层赋存较稳定，其中煤层倾角平均为 15°。31071 工作面为 31 采区首个工作面，工作面煤层整体较厚，煤厚 4.3~17.3m，平均为 7.5m，工作面倾向长度为 130m，走向长度 1100m，工作面采深平均值为 300m。工作面采用走向长壁后退式、综采放顶煤采煤方法。岩层赋存条件参考该工作面周围的 7 个钻孔柱状图[175]。由于覆岩岩层结构主要由软弱和坚硬的岩层交替沉积而形成，为了体现这个特征，本节将较薄的岩层（一般为 1~3m）与上下部的岩层合并，对岩层的厚度进行适当的调整，以此对数值模型的岩层结构进行了简化，得到二$_1$ 煤层顶板岩层为 20 层，底板岩层为 3 层。地表至煤层底板各岩层的岩性及厚度见表 2-1。

表 2-1 模型地层情况

序 号	位 置	岩 性	厚 度/m
24	顶板	砂质泥岩	20.00
23		细粒砂岩	6.00
22		砂质泥岩	20.00
21		细粒砂岩	9.00
20		砂质泥岩	40.50
19		细粒砂岩	6.50
18		砂质泥岩	30.00
17		细粒砂岩	21.00
16		砂质泥岩	15.50
15		中粒砂岩	16.50
14		砂泥岩互层	30.00
13		中粒砂岩	15.00
12		泥岩	16.00
11		砂泥岩互层	4.50
10		细粒砂岩	7.50
9		泥岩	10.00
8		细粒砂岩	6.50
7		泥岩	4.00
6		中粒砂岩	8.00
5		泥岩	6.00
4	煤层	二$_1$ 煤	7.50

续表 2-1

序　号	位　置	岩　性	厚　度/m
3	底板	泥岩	12.00
2		灰岩	8.00
1		砂岩	20.00

2.3.1.3　数值模拟尺寸及边界条件

数值模型以 31 采区首采面 31071 综放工作面为原型，根据 31071 工作面的地质及开采条件，选取走向剖面作为数值模拟计算的对象。模型的尺寸为 350m（垂高）×1000m（走向），工作面开采尺寸为沿走向 440m，三维模型的网格划分如图 2-6 所示，图中岩层的序号对应于表 2-1 中覆岩结构的岩层序号。

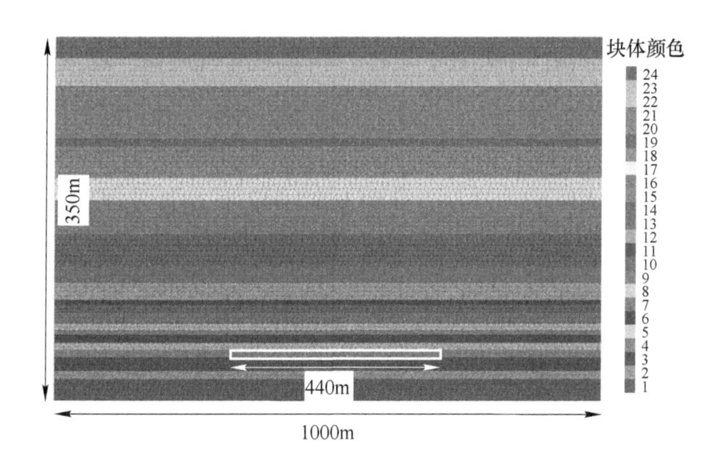

图 2-6　模型尺寸以及网格划分示意图

工作面开采边界在走向方向距模型边界为 275m 和 285m，能够保证模型的左右边界在岩层移动影响角范围之外，避免边界条件对工作面开挖引起的移动变形产生影响[176]。模型的边界条件：模型左右为滚轴约束，下部为全约束，上部为自由边界条件。

2.3.1.4　岩石力学参数的确定

岩体工程的支护、采动移动变形数值模拟时都要对岩体强度参数进行选取，因此岩体参数选取的正确与否直接决定了计算结果的正确性。岩体力学参数原位测试费用高，测试困难，很难进行大量的试验得到岩体参数。由于实验室得到的岩样的力学参数与地层中的岩体参数相差较大，忽略了岩体的赋存环境、岩体的结构特征等因素，因此对于实验室测得的岩样参数与岩体本身力学参数的关系依然不是很明确[113]，虽然在模拟中普遍采用岩样力学参数强度折减，一般折减系数为4~6倍，但是使用强度折减系数进行换算仍然具有随意性，没有科学的理论依据。因此需要一个从岩样力学参数到岩体力学参数换算的方法，通过调试岩体参数使得模型输出结果与现场实测结果相匹配。

A　Hoek-Brown 准则及其等效 Mohr-Coulomb 强度参数

目前 *GSI* 地质强度指标法是一种在工程实践中较常用的方法，该方法以实验室岩样的力学参数为基础，通过 *GSI* 地质强度指标和 Hoek-brown 强度准则估计岩体 Mohr-Coulumb 强度准则参数，以此来指导数值模拟中岩体参数的选取，为基于实验室数据的岩体力学参数选取提供了一种量化工具，进一步减少研究人员过度依靠个人经验控制参数带来的弊端。

由于 Hoek-Brown 强度准则在计算程序中没有明确给出，应用较不方便。然而学者研究发现 Mohr-Coulomb 强度准则曲线与 Hoek-Brown 准则曲线非常吻合，如图 2-7 所示。因此本节将 Hoek-Brown 强度准则（简称 H-B 准则）参数转化为等效的 Mohr-Coulomb 强度准则（简称 M-C 准则）参数 c 和 φ。

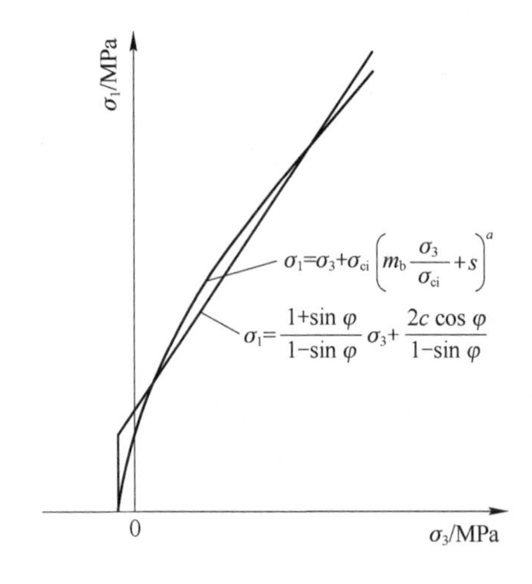

图 2-7　H-B 准则和等效 M-C 准则主应力关系图

广义 H-B 强度准则的表达式为

$$\sigma_1 = \sigma_3 + \sigma_{ci}\left(m_b \frac{\sigma_3}{\sigma_{ci}} + s\right)^a \tag{2-13}$$

式中，σ_1、σ_3 分别为岩体破坏时的最大和最小主应力；σ_{ci} 为岩块的单轴抗压强度；m_b、a、s 均为岩体的 Hoek-Brown 常数。

根据 M-C 强度准则，黏聚力 c 和内摩擦角 φ 可以表示为

$$\sin\varphi = \frac{(\sigma_1 - \sigma_3)/2}{(\sigma_1 + \sigma_3)/2 + c\cos\varphi} \tag{2-14}$$

而且最大主应力和最小主应力的关系可以表示为

$$\sigma_1 = \frac{1 + \sin\varphi}{1 - \sin\varphi}\sigma_3 + \frac{2c\cos\varphi}{1 - \sin\varphi} \tag{2-15}$$

将式（2-13）转换为式（2-15）中最大主应力与最小主应力线性关系的形式，于是得到

$$\varphi = \arcsin\left[\frac{6am_b(s + m_b\sigma_{3n})^{a-1}}{2(1 + a)(2 + a) + 6am_b(s + m_b\sigma_{3n})^{a-1}}\right] \tag{2-16}$$

$$c = \frac{\sigma_c[(1 + 2a)s + (1 - a)m_b\sigma_{3n}](s + m_b\sigma_{3n})^{a-1}}{(1 + a)(2 + a)\sqrt{1 + \frac{[6am_b(s + m_b\sigma_{3n})^{a-1}]}{[(1 + a)(2 + a)]}}} \tag{2-17}$$

式中，$\sigma_{3n} = \sigma_{3max}/\sigma_{ci}$，对于广义 H-B 强度准则来说，侧限应力的上限值 σ_{3max} 很难确定，工程应用中一般基于实例以及对脆性破坏相关的应力范围的经验确定[177]，认为 $\sigma_{3max} = 1/4\sigma_{ci}$，即 $\sigma_{3n} = 1/4$。

地质强度指标（geological strength index，简称 GSI）是 Hoek、Kaiser 和 Brown 于 1995 年提出的一种新的岩体分类方法[178]。该方法通过对岩体结构特征及结构面特性的描述，建立岩体质量的综合评价。利用确定的 GSI 值可以对岩体的 H-B 常数 m_b、a、s 进行估算。

$$m_b = m_i \exp\left(\frac{GSI - 100}{28 - 14D}\right) \tag{2-18}$$

$$s = \exp\left(\frac{GSI - 100}{9 - 3D}\right) \tag{2-19}$$

$$a = 0.5 + \frac{1}{6}\left(e^{-\frac{GSI}{15}} - e^{-\frac{20}{3}}\right) \tag{2-20}$$

对于完整岩体，$s=1$。岩体的弹性模量可表示为

$$E_{\mathrm{m}} = 10^{\frac{GSI-10}{40}}\left(1 - \frac{D}{2}\right)\sqrt{\frac{\sigma_{\mathrm{c}}}{100}} \tag{2-21}$$

式中，D 为岩体扰动系数，主要考虑岩体破坏和应力松弛对节理岩体的扰动程度，D 值从非扰动岩体的 0 到扰动岩体为 1。

B 模型参数的选取

地质强度指标 *GSI* 是在大量岩体工程实例和经验中总结出来的，通过岩体的结构类型和风化程度，将岩体的非均质程度定量化，其取值范围为 0~100，常见的岩体在 10~90 之间，具体取值参考表 2-2[178]。数值模型中岩体的力学参数通过计算反演地表的下沉曲线，并结合采场支承压力和采空区应力恢复距的理论值，在实验室测试及煤系岩石力学经验参数的基础上，通过调整岩层地质强度指标赋值，对数值模型岩体的输入参数进行反复校核，使参数能够真实反映现场地质条件下的岩层移动变形。对于 Hoek-Brown 常数 m_{i}，主要参考文献[179，180]

表 2-2 量化的 *GSI* 表

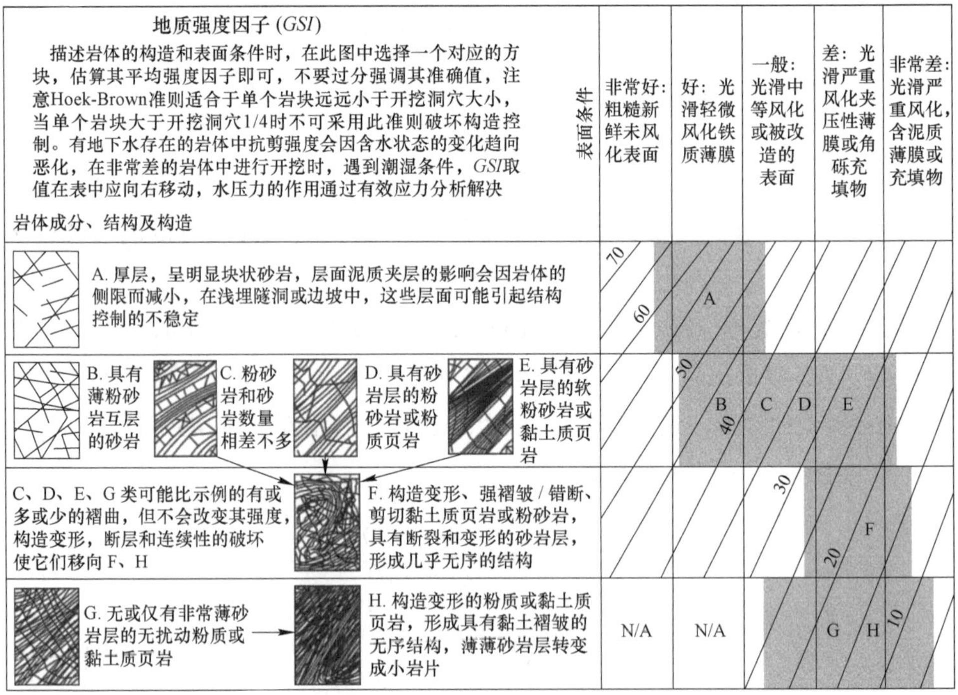

地质强度因子 (*GSI*) 描述岩体的构造和表面条件时，在此图中选择一个对应的方块，估算其平均强度因子即可，不要过分强调其准确值，注意Hoek-Brown准则适合于单个岩块远远小于开挖洞穴大小，当单个岩块大于开挖洞穴1/4时不可采用此准则破坏构造控制。有地下水存在的岩体中抗剪强度会因含水状态的变化趋向恶化，在非常差的岩体中进行开挖时，遇到潮湿条件，*GSI*取值在表中应向右移动，水压力的作用通过有效应力分析解决 岩体成分、结构及构造	表面条件	非常好：粗糙新鲜未风化表面	好：光滑轻微风化铁质薄膜	一般：光滑中等风化或被改造的表面	差：光滑严重风化夹压性薄膜或角砾充填物	非常差：光滑严重风化，含泥质薄膜或充填物
A. 厚层，呈明显块状砂岩，层面泥质夹层的影响会因岩体的侧限而减小，在浅埋隧洞或边坡中，这些层面可能引起结构控制的不稳定		70 60	A			
B. 具有薄粉砂岩互层的砂岩；C. 粉砂岩和砂岩数量相差不多；D. 具有砂岩层的粉砂岩或粉质页岩；E. 具有砂岩层的软粉砂岩或黏土质页岩			50 B 40	C D	E	
C、D、E、G 类可能比示例的有或多或少的褶曲，但不会改变其强度，构造变形，断层和连续性的破坏使它们移向 F、H；F. 构造变形、强褶皱 / 错断、剪切黏土质页岩或粉砂岩，具有断裂和变形的砂岩层，形成几乎无序的结构				30	F 20	
G. 无或仅有非常薄砂岩层的无扰动粉质或黏土质页岩 → H. 构造变形的粉质或黏土质页岩，形成具有黏土褶皱的无序结构，薄薄砂岩层转变成小岩片		N/A	N/A		G H	10

中关于沉积岩类岩石不同结构的完整岩块 m_i 值，对上覆岩层进行地质强度指标分类赋值，利用反演法得到数值模型岩体的输入参数，煤岩物理力学参数与 H-B 强度准则相关参数见表 2-3。

表 2-3 数值模型岩体力学性质参数

层位	岩性	密度 /kg·m^{-3}	弹性模量 /GPa	内聚力 /MPa	内摩擦角 /(°)	岩石单轴抗压强度 /MPa	岩石抗拉强度 /MPa	*GSI*	m_i
顶板	泥岩	2300	2.97	1.13	21.56	35	0.07	38	5
	砂质泥岩	2300	3.98	1.78	23.49	50	0.09	40	6
	砂岩互层	2400	4.09	1.63	25.26	42	0.07	42	7
	中粒砂岩	2550	6.91	4.14	30.53	85	0.11	45	12
	细粒砂岩	2550	7.50	4.87	29.04	106	0.16	45	10
煤层	煤	1400	1.58	0.88	24.60	25	0.01	30	10
底板	泥岩	2300	2.97	1.13	21.56	35	0.07	38	4
	中粒砂岩	2300	6.91	4.14	30.53	85	0.11	45	12
	石灰岩	2500	5.71	3.82	27.00	92	0.12	41	9

2.3.1.5 数值模拟方案

数值模拟计算模型采用 Mohr-Coulomb 强度准则，为了研究煤层开采后覆岩的移动变形规律，模拟方案主要以 31071 工作面的实际开采为依据，设定一个开挖步距，工作面开挖长度累计为 440m。在每次开采步距的计算中，编写 fish 语言，用以记录模型中煤层及上覆岩层应力及位移。

2.3.2 数值模型的校验

近数十年，由于计算机运行速度的增加，使得数值模拟技术被众多学者广泛应用于岩层控制方面的研究中。数值模拟具有以下优点：建模时间快，相对于现场试验来说易于操作，并且能够通过改变参数输入来把握实际问题的规律性。但是现场地质及采矿条件复杂，尤其是模型的输入参数主要依靠试验人员的经验进行选取，具有较大的主观性，因此需根据现场实测的应力或者位移数据对模型进行校验，通过对比分析模型输出结果和实测结果的相似度，来判读试验模型及其输入参数的正确性。基于上述验证后的试验模型才能够对具体的工程问题进行分析，以期总结出事物的变化规律。

本书主要通过31071工作面地表走向移动观测线的观测数据、采场支承压力的理论计算值以及现场矿压显现规律、采空区应力恢复距的理论计算值这三个方面与数值模拟进行对比分析，来判定数值模型的正确性。

2.3.2.1 煤层超前支承压力分布规律对比

31071工作面倾斜宽度为135m，开采平均深度为300m，由于郑煤集团裴沟煤矿属于典型的“三软”地质条件，煤层受滑动构造影响，煤层结构破碎，强度较小。根据表2-2的*GSI*分类，取完整岩样单轴抗压强度σ_{ci}为25 MPa，*GSI*值为30，得到煤体的物理力学参数。根据表2-3煤体的物理力学参数，将式(2-11)和式(2-12)所需参数汇总于表2-4。

表2-4 Wilson理论公式参数取值

岩性	开采参数		煤层物理力学参数				
	煤厚/m	埋深/m	支护侧向力/MPa	内聚力/MPa	内摩擦角/(°)	单轴抗压强度/MPa	单轴残余强度/MPa
煤层	7.5	300	0	0.88	24.60	0.43	0.20

将表2-4的参数代入采场支承压力峰后和峰前表达函数式(2-3)和式(2-6)，计算得到采场支承压力的分布规律，见图2-8。可知，理论计算得到的煤层支承压力峰值为17.50MPa，应力集中系数*K*为2.49，支承压力峰值与煤壁的距离为16.21m，支承压力峰前影响距离为65.86m。而根据数值模拟得到的支承压力峰值位于煤壁前15m附近，其峰值为18.52MPa，峰值应力值和峰值位置的误差分别为5.51%和8.06%。由于数值模型中塑性破坏后计算单元仍具有一定的强度，煤壁处的应力为2.30MPa，和现实中破裂煤壁应力释放相差较大，所以在峰值至煤壁这段距离内模型值与理论值相差较大。但是总体而言，理论计算和数值模拟的结果在精度和分布规律上具有很好的一致性。根据现场实际开采过程中工作面轨道巷和运输巷在14~17m区域矿山压力比较明显，验证了数值模型计算采动支承压力的正确性。

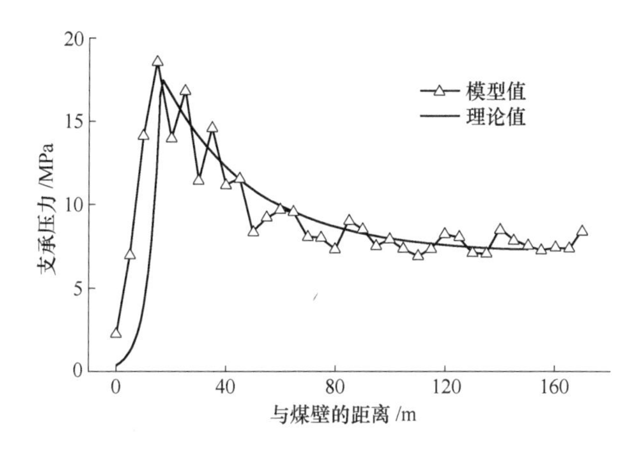

图 2-8 煤层支承压力分布规律与煤壁的距离

2.3.2.2 采空区应力恢复距离

从采动岩体的应力空间上来看（见图 2-1），采空区冒落带岩块在上部岩体的载荷作用下逐渐压实，其应力逐渐恢复到原岩应力水平，回采煤壁至应力完全恢复区的距离称为采空区应力恢复距离。研究采空区的应力恢复及压实规律对地下开采活动具有重要的实际意义，采空区应力恢复规律是基本顶移动变形的合理描述，能够表征开采引起的覆岩移动变形。采空区应力重分布的理论假设最早由 Whittaker[167] 提出，而后 H. Maleki、Oyanguren 和 Wilson 分别在美国西部、英国和南非的矿井对采空区应力进行了大量的实地监测[181]，得到了采空区应力分布及应力恢复距离的规律。根据图 2-9 中数值模型对采空区离散元散落块体的应力监测，发现煤壁后方在 101.5m 处采空区的应力达到原岩应力水平，对应的采空区应力恢复距为 101.5m（即 0.36 倍的采深），符合国内外现场经验认为的一般规律——采空区应力恢复距为 0.3~0.4 倍的采深[182]。

2.3.2.3 地表沉降数据与模型结果的对比

裴沟矿 31 采区上方地表有魔洞王水库，为了掌握该地区地表移动变形规律，获取该地区岩移参数，更加准确地评价采动损害对魔洞王水库及其堤坝的影响，该矿在 31 采区首采面（31071 工作面）上方地表建立地表移动观测站。观测站由走向观测线与倾向观测线两条观测线组成，其中走向观测线共 22 个测点，总长度为 691.26m。观测站于 2011 年 4 月 21 日进行首次全面观测，截至 2012 年 6 月 12 日，地表移动观测站共进行了 23 次观测，取得了大量的观测数据。根据对

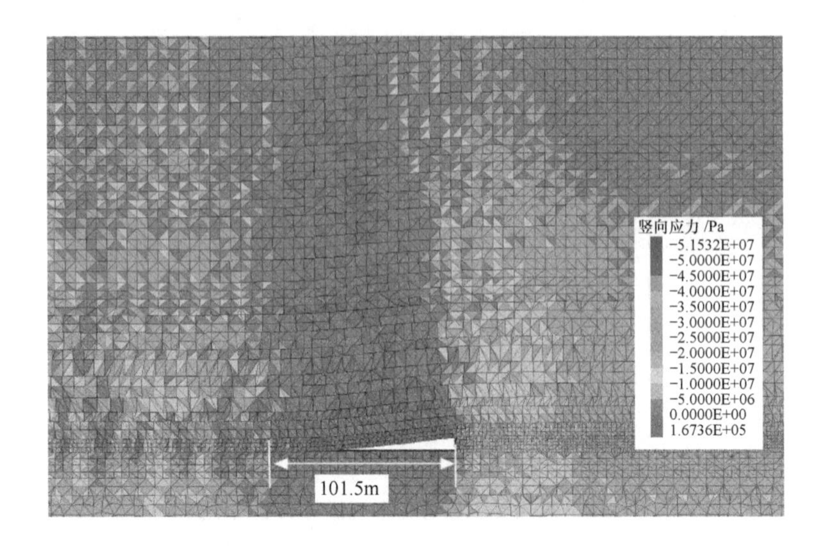

图 2-9 模型采空区附近应力分布规律

走向移动观测线的观测数据的概率积分法函数拟合，得到该矿的地表概率积分法参数：下沉系数 $q=0.80$，主要影响角正切值 $\tan\beta=1.88$，拐点偏移距 $s=0.15H$，其中 H 为走向方向平均埋深。

根据上述概率积分法参数对数值模型开采尺寸下地表的下沉进行计算，得到地表走向主断面的下沉曲线，并与数值模型工作面开采 440m 后地表的下沉数据进行对比，以此来判断数值模型的正确性，具体见图 2-10。

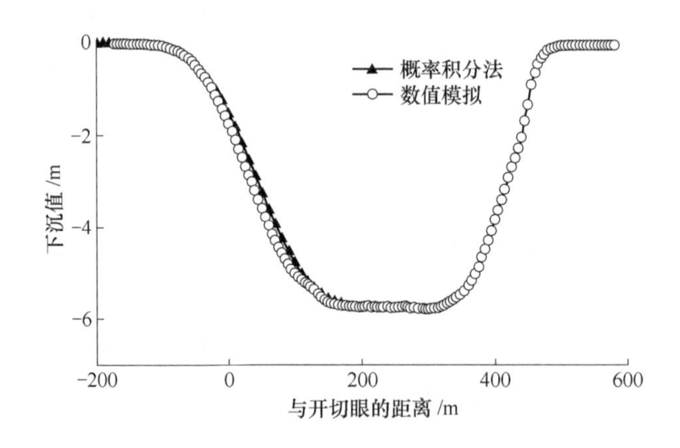

图 2-10 实测和数值模拟的地表走向断面的下沉曲线

由图2-10可以看出，该工作面在充分采动的情况下，其下沉系数 q 为0.80。数值反演得到的采空区地表最大下沉值为5.78m，即下沉系数为0.77，两者的误差率为3.66%，而且数值模型与概率积分法函数曲线在移动盆地边缘的拟合度也较高，可认为实测结果和数值模型的结果在精度和分布规律上具有很好的一致性。

通过对数值模型的煤层支承压力分布规律、采空区应力恢复距离和地表走向主断面的下沉曲线与理论计算、现场实测数据进行对比分析，认为数值模型得到的结果与理论计算和现场实测的结果具有很好的一致性，说明该数值模型能够准确地对采动影响下岩层的破坏及移动变形进行较好的反演，可作为研究采动覆岩及地表移动变形规律的有效手段。

2.3.2.4 讨论

煤矿开采岩层的移动数值模型的正确与否，关键在于模型岩体力学参数的选择。由于难以建立覆岩力学性质与岩层移动变形之间的准确数学函数关系，因此传统力学参数的位移反分析问题一般模型比较复杂、求解难度很大，并且人员的经验对计算结果的影响较大。基于Hoek-Brown准则和岩体地质强度指标（*GSI*）的岩体力学参数估算方法，克服了传统数值建模中岩体力学参赛选取中存在的问题，提高了参数反演的适用性，为研究矿山开采岩层及地表移动变形的数值模拟提供了新的思路。但是对于矿山岩层移动数值模型来说，煤层上方岩层的岩石力学参数求取主要有2种方法：一是在实验室对岩样进行实测，二是用地球物理测井资料求取岩石力学参数。若对数值模型全段岩层采用室内测试，则工作量较大，另外E. Hoek虽然给出了 *GSI* 概化区间范围和 D 的概化取值，但无法使其定量化。近年来，地球物理测井资料与实验室试验相结合，促进了数值模型岩体岩石力学参数求取的发展，比如利用岩体波速估算地质强度指标 *GSI* 和岩体扰动参数 D 的关系式，并引入Hoek-Brown准则，给出了岩体波速预测岩体力学参数的新方法。另外岩层钻孔钻进动态响应（钻进速度、钻头阻力等）可间接反映岩层的厚度、强度以及节理裂隙发育的程度等，因此有必要下一阶段对 *GSI* 和岩体扰动参数 D 的现场定量化进行研究。

2.3.3 采动覆岩支承压力分布规律

煤层开挖以前，煤岩体处于原始应力平衡状态，一旦煤层被采出，围岩的应力状态遭到破坏，煤层顶板发生破断，破碎后的岩块充满采空区，随着工作面的继续开挖，移动变形逐渐向上传递，并在地表形成开采移动盆地。这个过程伴随着采空区上部及煤壁前方围岩应力的不断变化[183]。

2.3.3.1 采场支承压力动态变化规律

图 2-11 给出了 31071 工作面在推进距离为 60m、120m、180m、240m、300m、360m 和 420m 时，走向方向煤层支承压力的分布曲线。其中，在开切眼侧和工作面侧形成压力升高区域称为工作面前方支承压力区，在采空区上方由于覆岩的破断、应力释放形成采空区应力释放区，加上支承压力区前方未受到采动影响的原岩应力区，三者构成了工作面的应力场。

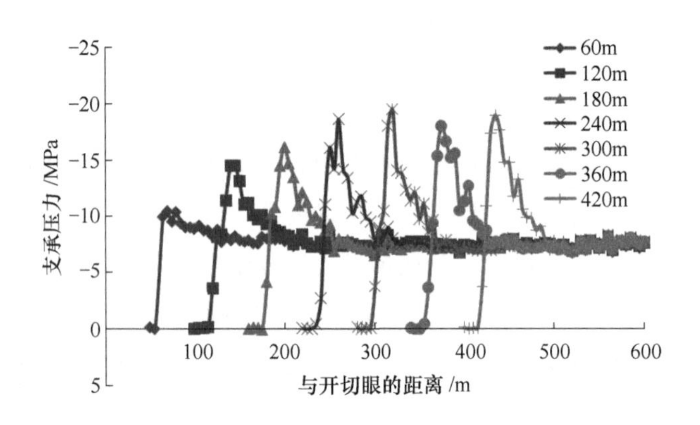

图 2-11 不同开采距离下工作面支承压力曲线

从图 2-11 可以看出：工作面在推进过程中，采动空间逐渐增大，采空区周围岩层的载荷向工作面及开切眼侧的煤岩柱进行转移，由此引起工作面的支承压力应力集中系数逐渐增大。但当工作面推进距离达到一定值（300m 左右）后，煤层支承压力应力集中系数的增幅逐渐减小，最后趋于平缓，具体见图 2-12。

为了对支承压力的分布进行定量化描述，定义支承压力峰值位置与压力衰减至原岩应力处的距离为峰后影响距离。

煤层支承压力峰值在工作面推进过程中逐渐增大，同样支承压力曲线的形态也发生着改变。支承压力曲线的峰值位置逐渐增大，当达到一定值后区域稳定，稳定在 15~20m 之间，如图 2-13 所示。支承压力曲线的峰前影响则是与支承压力和峰后影响距离的变化规律相反：支承压力峰前影响距离在工作面开采开始阶段最大，随着工作面不断推进，支承压力峰前影响距离逐渐减小，在

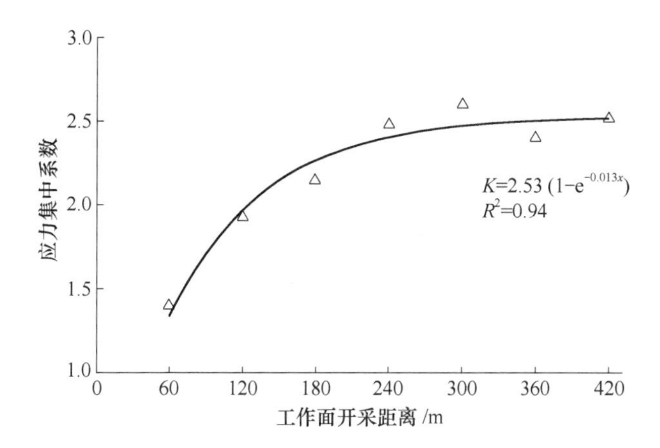

图 2-12 支承压力应力集中系数随工作面开采距离的变化规律

工作面开采距离超过 300m 以后，峰前影响距离稳定在 70m 左右，具体见图2-14。

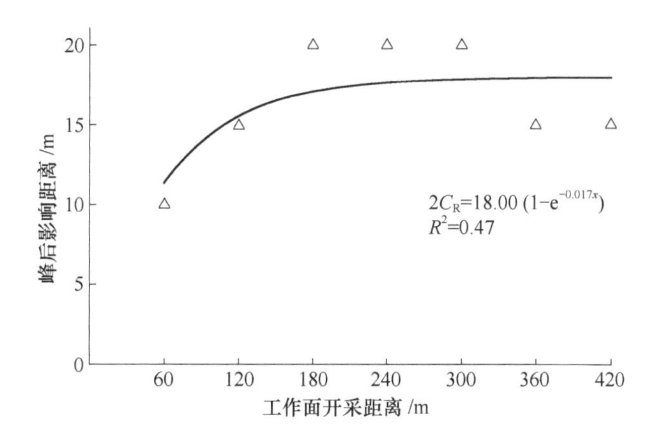

图 2-13 峰后影响距离随工作面开采距离的变化规律

2.3.3.2 不同埋深采动覆岩的应力场分布规律

将开采距离为 420m 时覆岩上部不同埋深岩层的竖向应力进行提取，绘制出与覆岩不同埋深岩层的支承压力分布曲线图，具体见图 2-15。从图 2-15 中可以看出，不同埋深的岩层支承压力曲线并非光滑的曲线，而是呈现出波浪状的变化趋势。这是由于在离散元数值模拟软件中，接触为块体的边界，不需要块体的节

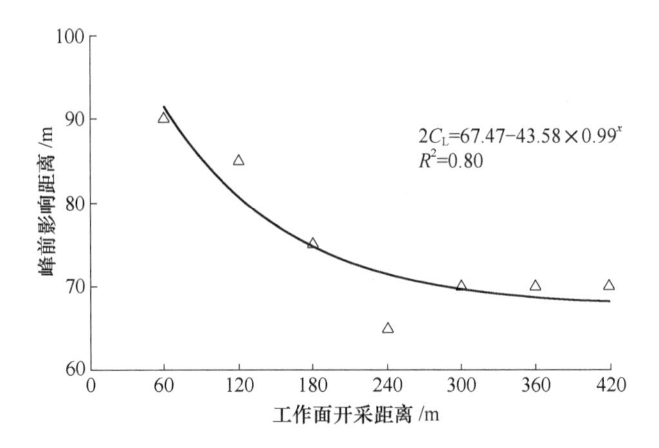

图 2-14　峰前影响距离随工作面开采距离的变化规律

点之间有所联系，有利的方面是不需考虑块体之间的单元节点匹配问题，缺点就是计算结果会在块体边界附近出现应力和位移的不连续，造成曲线相邻应力提取点的变化较大。

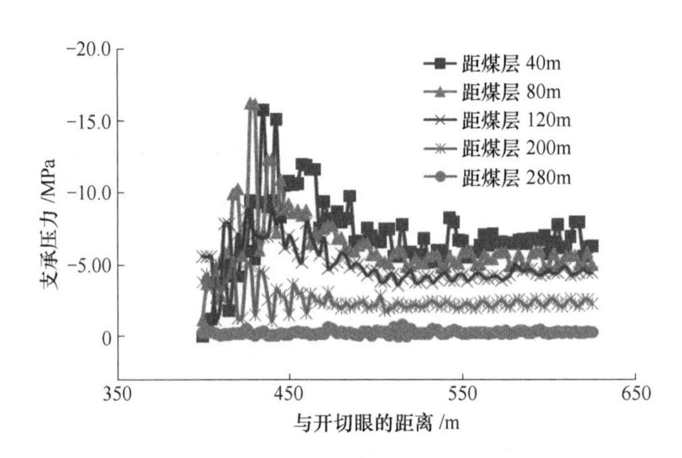

图 2-15　不同水平岩层支承压力分布曲线

利用采动岩层支承压力的表达函数式（2-11）对岩层支承压力提取值进行拟合，得到变化规律较强的光滑曲线，便于归纳总结覆岩不同岩层支承压力分布规律，具体如图 2-16 所示。

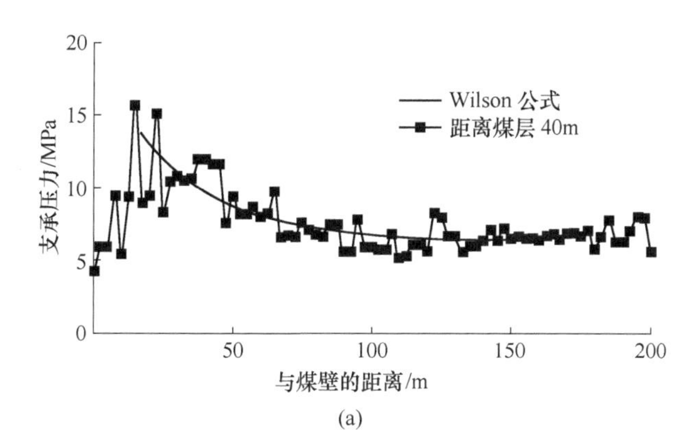
支承压力/MPa
Wilson 公式
距离煤层 40m
与煤壁的距离/m
(a)

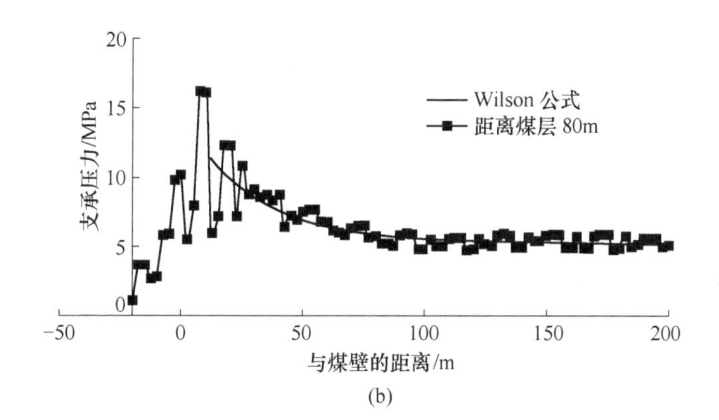
支承压力/MPa
Wilson 公式
距离煤层 80m
与煤壁的距离/m
(b)

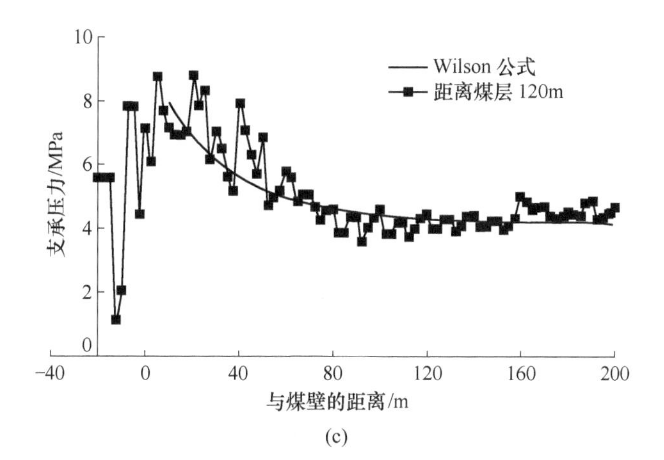
支承压力/MPa
Wilson 公式
距离煤层 120m
与煤壁的距离/m
(c)

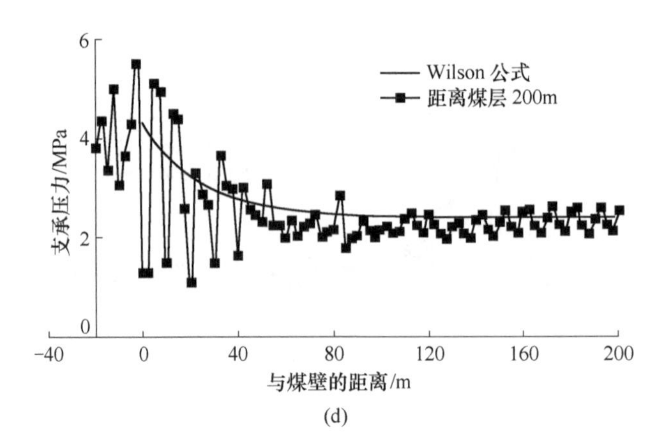

(d)

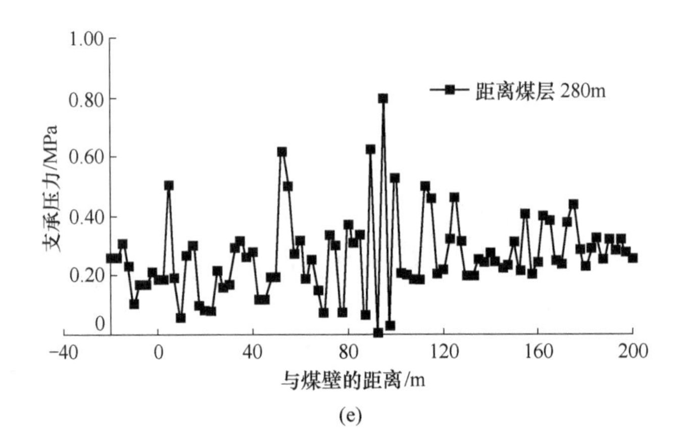

(e)

图 2-16 岩层支承压力拟合曲线

（a）与煤层距离为 40m；（b）与煤层距离为 80m；（c）与煤层距离为 120m；
（d）与煤层距离为 200m；（e）与煤层距离为 280m

由图 2-15 和图 2-16 可以看出，煤层上覆岩层的支承压力与煤层支承压力呈现出相似的分布规律，即竖向压力在采空区侧较小。由于采空区侧实体煤岩柱的支撑作用，支承压力逐渐增大；当岩层支承压力达到最大值后，随着与煤壁距离的增加，竖向支承压力值逐渐减小，最后趋于原岩应力值。图 2-16（e）中，与煤层距离较大的岩层靠地表较近，本身竖向应力较小，在采动影响的情况下，岩层支承压力变化无规则，并未表现出明显的规律。但是从岩层支承压力的峰值位置、应力集中系数以及峰前、峰后影响距离 4 个方面来看，覆岩不同岩层支承压力分布有所差异，具体见表 2-5。

表 2-5 岩层支承压力分布参数

与煤层的距离	参数			
	峰值位置/m	应力集中系数	峰前影响距离/m	峰后影响距离/m
0	17.5	2.52	70.0	7.3
40	17.2	2.20	77.2	14.5
80	12.0	2.15	88.5	20.9
120	10.4	1.90	105.4	28.2
200	0	1.80	115.8	30.0

由表 2-5 可知，随着与煤层距离的增加，岩层支承应力峰值位置向采空区侧偏移，煤层支承压力峰值位置为 17.5m，而与煤层距离为 200m 的岩层支承压力峰后影响距离减小到零；应力集中系数随着与煤层距离的增加表现出递减的关系，当与煤层距离为 200m 岩层时，支承压力应力集中系数为 1.80；上覆岩层支承压力峰前影响距离随岩层与煤层距离的增加有所增加，而峰后影响距离先增大并且增大的趋势越来越平缓。说明支承压力峰前影响范围和采动影响范围的变化具有相反的规律[184]。根据表 2-5 覆岩不同岩层的支承压力分布参数，通过曲线拟合得到岩层的支承压力峰值应力集中系数 K 与岩层和煤层距离的关系式为

$$K = 1.65 + 0.86 \times 0.99^{x} \tag{2-22}$$

岩层的支承压力峰前影响距离 $2C_{L}$ 与岩层和煤层距离的关系式为

$$2C_{L} = 69.94 + 0.24x \tag{2-23}$$

岩层的支承压力峰后影响距离 $2C_{R}$ 与岩层和煤层距离的关系式为

$$2C_{R} = 6.69 + 0.24x - 6.01 \times 10^{-4}x^{2} \tag{2-24}$$

岩层支承压力峰值位置 x_{b} 与岩层和煤层距离的关系式为

$$x_{b} = 17.84 - 0.034x - 2.75 \times 10^{-4}x^{2} \tag{2-25}$$

式中，x 为计算岩层与煤层的距离，m。

2.4 采动覆岩的应力恢复规律

采空区应力场变化主要是研究岩层破断、应力释放之后，随着工作面的推进，碎胀岩层在其上覆岩层的作用下重新压实的一个过程。研究采空区的应力恢复及压实规律对于地下开采活动具有重要的实际意义，采空区应力恢复规律是基本顶移动变形的合理描述，能够表征开采引起的覆岩移动变形，而且采空区上部采动岩体的渗透率也因采空区应力恢复而发生改变，是采空区瓦斯抽采、矿井突水预测与防治等研究的重要内容[2]。因此研究基本顶运动及其引起的采空区应力恢复对于采矿工作者显得尤为重要。

2.4.1 采动覆岩应力恢复距

采空区应力重分布特征的理论假设最早由 Whittaker 提出，而后 H. Maleki、Oyanguren 和 Wilson 分别在美国西部、英国和南非的矿井对采空区应力进行了大量的实地监测[4]，得到了采空区应力分布及应力恢复距离的规律。国内外的现场经验一般认为采空区应力恢复距离为 0.3~0.4 倍的采深[5]。因此对于采空区应力分布来说，当工作面最小尺寸大于 0.6H 时，随着工作面的开采，采空区应力恢复能够达到原始应力水平。但是国内外学者对于煤层上覆岩层在采动影响下应力恢复情况鲜有研究，因此有必要利用数值模拟的手段对覆岩不同岩层的应力恢复规律进行探索。本节选取工作面开采 420m 时，煤层以及距离煤层 40m、80m、120m、200m 岩层的竖向压力分布曲线进行分析，具体如图2-17所示。从图 2-17 中可以看出，由于离散元数值模拟并不能像现场实际开采直接顶随采随冒落，因此采空区靠近工作面一定距离下，竖向压力为零。

对比分析图 2-17 中覆岩不同岩层的应力恢复规律，发现岩层距离煤层越远，其采空区应力恢复距越大。采空区应力恢复距一般为 0.3~0.4 倍的采深，而地表充分采动形成移动盆地“平底”形状的开采尺寸为 1.4 倍的采深，两者之间的差别可能是采空区应力恢复不断增加的结果，具体见图 2-18。通过对不同水平岩层的应力恢复距数据进行拟合分析，认为岩层应力恢复距与其和煤层的距离呈现线性增加的关系。

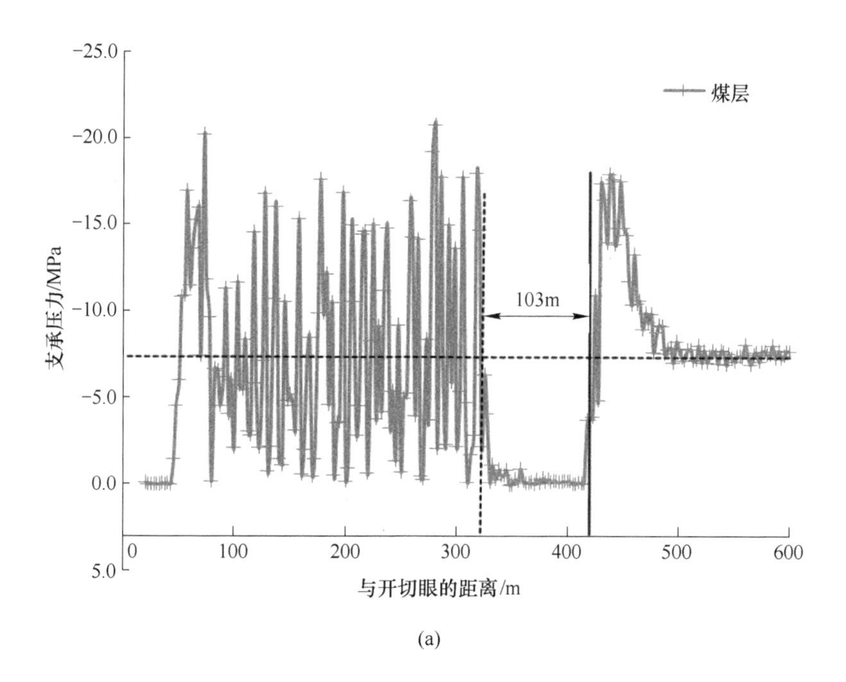

(a)

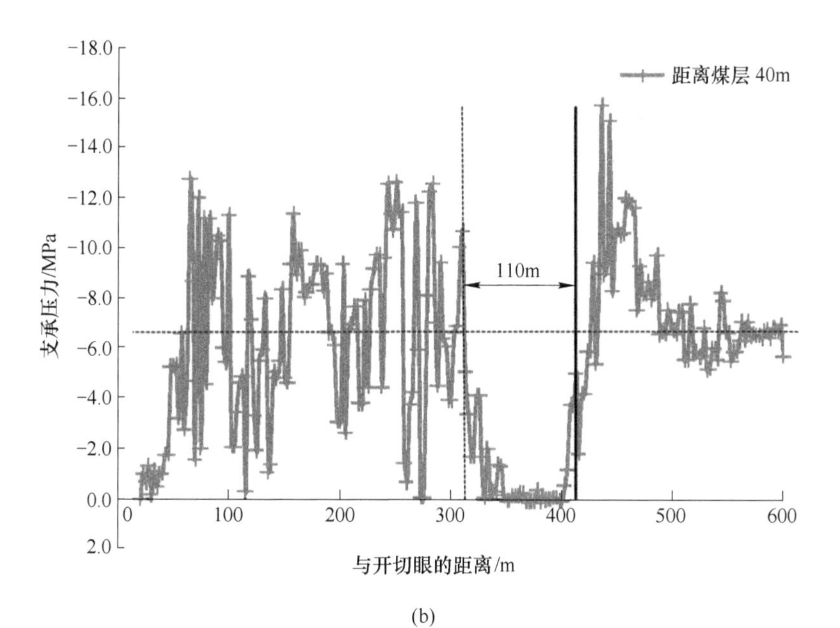

(b)

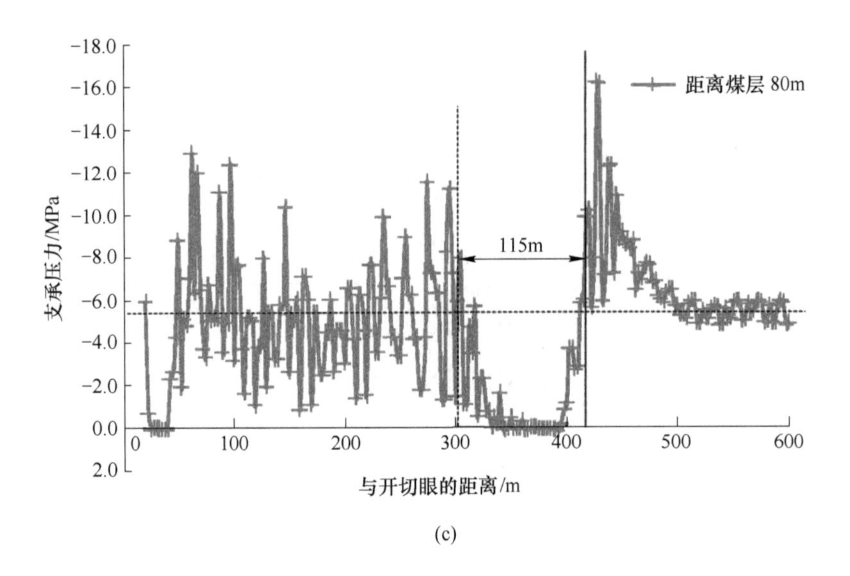
距离煤层 80m
115m
支承压力/MPa
与开切眼的距离/m
-18.0
-16.0
-14.0
-12.0
-10.0
-8.0
-6.0
-4.0
-2.0
0.0
2.0
0
100
200
300
400
500
600

(c)

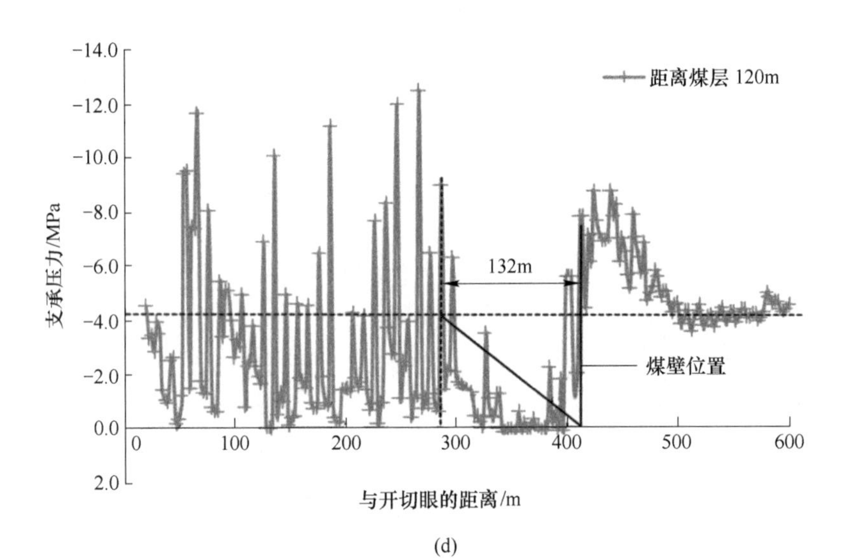
距离煤层 120m
132m
煤壁位置
支承压力/MPa
与开切眼的距离/m
-14.0
-12.0
-10.0
-8.0
-6.0
-4.0
-2.0
0.0
2.0
0
100
200
300
400
500
600

(d)

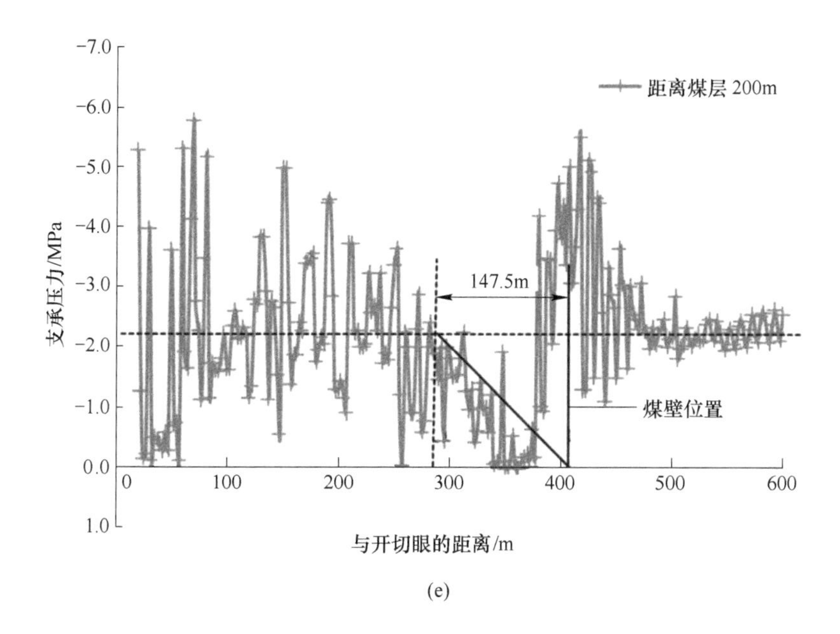

(e)

图 2-17 煤层以及上覆岩层应力恢复规律

（a）煤层水平；（b）与煤层距离为 40m；（c）与煤层距离为 80m；（d）与煤层距离为 120m；（e）与煤层距离为 200m

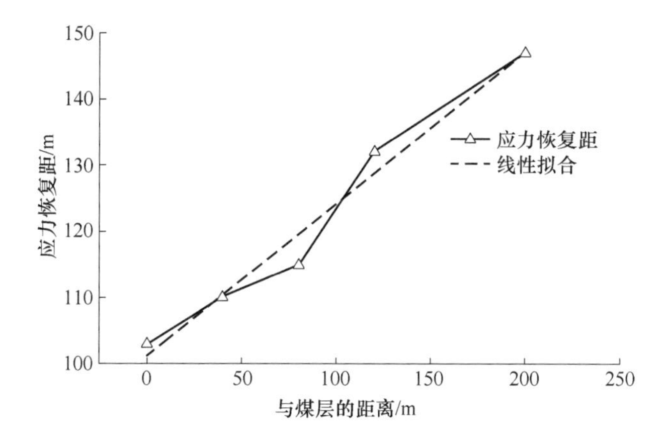

图 2-18 岩层应力恢复距的变化规律

2.4.2 采动覆岩应力恢复函数

对于某一水平的岩层来说，在采动影响的作用下，工作面推进方向剖面上的载荷可以分为工作面前方支承压力、采空区应力以及原岩应力 3 部分。假定工作面前方支承压力和开切眼前方支承压力的分布规律相同，可以将岩层走向剖面的载荷分为采空区应力和实体煤岩柱的支承压力。通过建立的数值模型分析煤层以及上覆岩层的工作面前方支承压力和采空区应力恢复规律。

煤层开采引起的采动影响使得采空区岩层承载力降低，采空区岩层载荷转移到煤岩柱上，并引起采动支承压力。而在开采空间达到一定尺寸时，采空区上方煤柱侧应力将在上部岩体自重作用下重新得到恢复。因此采空区应力恢复和煤壁前方的支承压力密切相关，是一个随着开采空间不断增加而逐渐达到动态平衡的过程。

为了探究从岩层的支承压力峰后应力为零到采空区应力值恢复至原岩应力的变化规律，首先将采空区应力增长函数 σ_C 定义为幂函数关系，即

$$\sigma_C = \sigma_0(x/L_C)^n \tag{2-26}$$

式中 σ_0——原岩应力值，MPa；

n——采空区应力增长参数；

L_C——采空区应力恢复距，m；

x——采空区侧与煤壁的距离，m。

对于采空区应力增长函数为线性函数来说，此时 $n=1$，L_C 为采空区应力恢复距。以下将以煤层水平载荷平衡为依据，对采空区应力增长函数进行求取。

以煤层水平的载荷平衡为例，在工作面开采距离为 420m 时，对煤壁前方的支承压力以及采空区应力恢复分布曲线进行简化，如图 2-19 所示。

(1) 采空区载荷：假设煤层集中应力在煤壁处为零，在煤壁至采空区一定距离内应力相对于原岩应力较小，此段区域的载荷定义为采空区应力释放区（区域 A)，具体见图 2-19。对于煤层来说，开采前后采空区应力释放区载荷为面积 S_A，则有

$$S_A = \sigma_0 L_C - \int_0^{L_C} \sigma_C \mathrm{d}l \tag{2-27}$$

式中 L_C——采空区应力恢复距离，$L_C = 103$m；

σ_0——原岩应力，$\sigma_0 = 7.5$MPa。

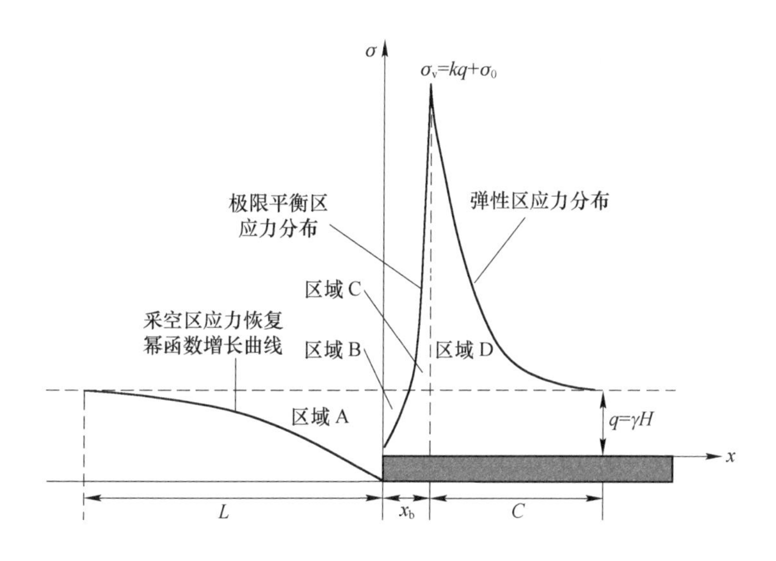

图 2-19 煤层水平载荷分区

（2）集中应力载荷：采场支承压力可以分为极限平衡区部分和弹性区部分。极限平衡区支承压力载荷可分为峰后应力减小部分（区域 B）和峰前应力增加部分（区域 C），则极限平衡区载荷增加量 S_{C-B}为

$$S_{C-B} = \frac{(K-1)^2}{2K}\sigma_0 x_b - \frac{1}{2K}\sigma_0 x_b = \frac{K-2}{2}\sigma_0 x_b \tag{2-28}$$

式中 K——支承压力应力集中系数，$K=2.52$；

x_b——极限平衡区宽度，m。

而弹性区载荷增加量 S_D（区域 D）为支承压力增量曲线在弹性区范围内的积分，即

$$S_D = \int_{x_b}^{x_b+C} \sigma_0 (K-1) e^{2\frac{x-x_b}{C}} dl \tag{2-29}$$

式中 C——弹性区范围，$C=35.0$ m。

根据采空区释放载荷与煤壁前方支承压力增量载荷的平衡原则，有

$$S_A = S_{C-B} + S_D \tag{2-30}$$

将上述参数代入式（2-27）~式（2-29），然后代入式（2-30），计算得到采场采空区应力增长系数 $n_0=0.98$。同理，根据与煤层距离 40m、80m、120m、200m 岩层的采空区应力恢复距离、所处埋深水平原岩应力，利用载荷平衡原理，

求得上述岩层的应力增长参数 $n_{40}=0.45$，$n_{80}=0.39$，$n_{120}=0.23$，$n_{200}=0.16$。将采空区应力增长函数无量纲化，得到与煤层不同垂距岩层的采空区应力增长函数形态，具体如图 2-20 所示。

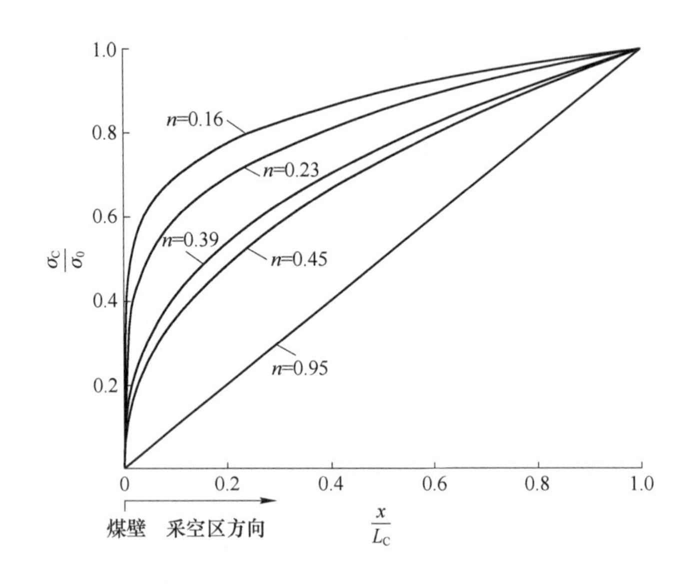

图 2-20 不同埋深岩层采空区应力增长函数的形态

从图 2-20 中可以看出，采动岩层的采空区应力恢复函数呈现出“上凸”的形态，并且岩层距离煤层越远，其“上凸”的形态越明显，应力增长的速度越快。由此分析认为随着采空区上方岩层距离煤层越来越远，其受到的采动影响效应逐渐减弱，采空区岩层剧烈运动区所产生的裂隙（尤其是离层裂隙）有所减少，在上覆岩体自重载荷重新压实作用下，应力恢复的较快，应力增长参数值有所减小。对于采空区卸压瓦斯抽采来说，根据采空区应力恢复规律，高位钻孔应布置在采空区应力恢复范围内，且随着岩层与煤层垂距的增加，终孔位置越来越高，可有效利用的卸压空间及瓦斯积聚裂隙密度越来越小，因此高位钻孔终孔层位以及钻孔倾角的选择对于采空区卸压瓦斯抽采至关重要。

2.5 采动覆岩支承压力分布规律的探讨

采场支承压力对于采场围岩控制具有重要意义，因此对其研究较多，并且形成了较为成熟的理论认识。但是岩层支承压力较采场支承压力来说，理论分析中分析对象的边界条件较为复杂，虽然现场监测鲜有实施，研究较少，国内外学者并没有形成较为统一的认识，不过在工程实践中，笔者发现在冲击地压防治工作中采用的微地震监测结果，可以为支承压力的分布规律提供一个侧面的佐证。

微地震监测原理认为岩石在应力作用下发生破坏，并产生微震和声波，采用震动定位原理，可确定破裂发生的位置，并显示在三维空间上。图 2-21 是岩石破裂与应力的关系图，从图中可以看出，岩层破裂位于高应力区前方，由于该区域高应力差产生的强剪切力突然断裂释放弹性能[185]，煤岩体破裂区和高应力集中区域相接近，每一次煤岩体破裂事件都会伴随着微地震的发生，从而可以根据震动发生的能量及位置大致判断采动应力场高应力的分布特征。该技术为研究覆岩空间破裂形态和采动应力场分布提供了新的手段。

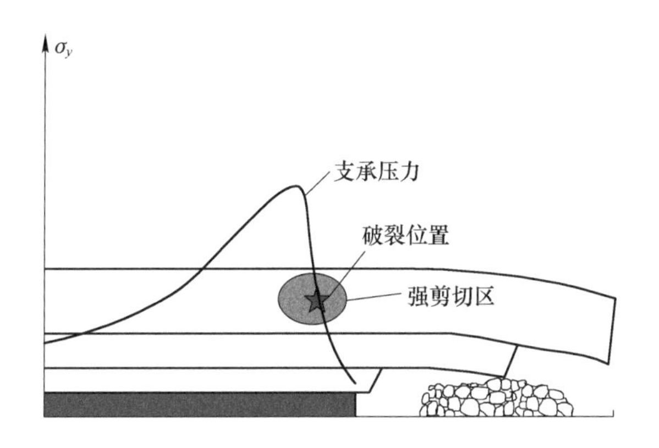

图 2-21 岩石破裂与应力的关系示意图

文献［186］中 South Blackwater 矿工作面倾向剖面上微震事件分布规律表明，微震事件分布区域的边界与工作面回风巷和运输巷两侧的竖直线之间的夹角都等于 25°。在竖直方向上微震事件主要集中在开采水平以上约 70m 至开采水平以下 45m 的区域，且微震事件分布区域边界与工作面回风巷和运输巷两侧的竖直线之间的夹角都等于 30°，具体见图 2-22。

从图 2-22 可以看出，随着岩层与煤层距离的增加，岩层发生微震事件的位置逐渐向采空区侧偏移。根据上述微震发生的机理中关于微震事件发生微震与高应力的位置关系（图 2-21），可以判断不同岩层的支承压力峰值位置以煤层围岩支承压力峰值为基点，随着岩层与煤层距离的增加，岩层支承压力峰值位置逐渐向采空区侧偏移，相对于图 2-22 中微震事件分布边界来说，不同岩层支承压力

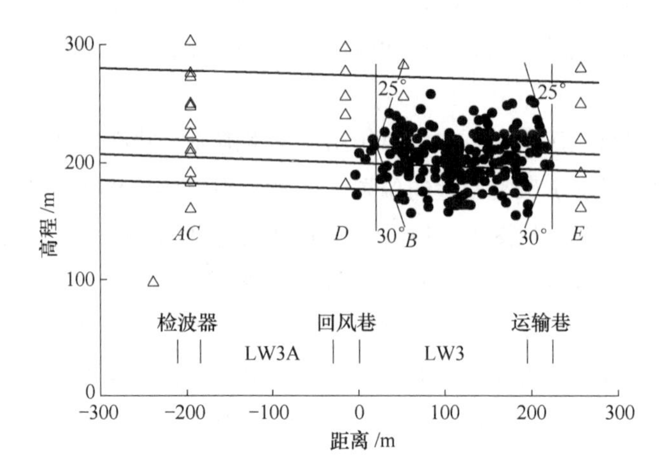

图 2-22 South Blackwater 矿微震事件观测分布[186]

峰值的连线向煤柱侧整体偏移一定距离。根据对裴沟矿采场及与煤层距离分别为 50m、100m、150m 和 200m 岩层的支承压力分布（图 2-23），可以看出支承压力峰值连线与图 2-20 表现出相同的规律，经计算，采场支承压力峰值和与煤层距离 200m 岩层的支承压力峰值连线与竖直线的夹角为 5.1°。

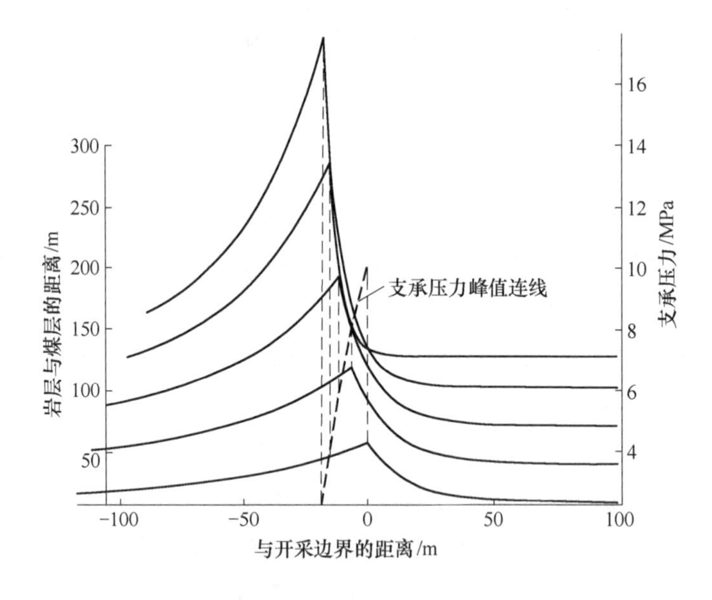

图 2-23 采动岩层支承压力峰值位置

此外针对覆岩应力的分布规律，学者谢广祥等[187,188]通过相似模拟和数值模拟的手段发现，在综放开采工作面围岩中存在由高应力束组成的应力壳，其中应力壳的壳基为采场支承压力，应力壳的壳体位于未开采的煤岩体内以及距离采空区较远的覆岩弯曲下沉带内。从图 2-23 中可以看出，支承压力峰值位置的连线呈现出壳的形状，以采场支承压力峰值位置为基点，随着岩层与煤层距离的增加，岩层支承压力峰值位置逐渐向采空区位置偏移，并且偏移的幅度越来越大。

综上所述，虽然采动覆岩支承压力在井下无法进行观测，但是本章提出的覆岩支承压力表达函数以及通过数值模型求解得到的支承压力分布变化规律，均符合微震事件表现出来的应力集中规律，同时也与应力壳理论相符，可以说为采动覆岩支承压力提供了一种很好的研究方法。

2.6 本章小结

（1）运用弹塑性理论求解得到煤柱极限平衡区和弹性区的采场支承压力分布函数以及支承压力峰值位置。

（2）基于前人研究成果，分析采场支承压力和覆岩支承压力的联系，建立了采动岩层上方载荷（支承压力）的表达函数；并通过数值模型对采动覆岩的应力场进行研究，求得采动岩层应力分布规律，通过对上述采动岩层支承压力函数的拟合分析得到不同埋深岩层支承压力函数表达的参数变化规律，进而得到覆岩支承压力的变化规律，为后续覆岩移动变形的力学模型求解提供参考。

（3）通过数值模型对采动岩层的应力恢复进行研究，发现应力恢复距与岩层和煤层的距离呈现线性增加的关系，然后以工作面走向方向上载荷守恒原则，建立工作面前方支承压力、采空区应力载荷守恒方程，经过计算发现采动岩层的采空区应力恢复函数的形貌呈现出“上凸”的形态，并且岩层距离煤层越远，其“上凸”的形态越明显，应力增长的速度越快。

（4）通过对比煤矿现场微震事件、岩层应力壳的分布规律与本章采动覆岩支承压力分布规律，证明了本章关于采动覆岩支承压力研究的正确性。

3 覆岩移动变形力学模型

目前，矿山岩层及地表移动理论主要分为基于随机介质的概率积分法理论和连续介质力学理论两大类。其中概率积分理论以概率积分进行数学推导，得到下沉盆地的数学表达，然后依靠现场观测资料来确定概率积分法参数。该理论能够较准确地计算岩层及地表的移动。但是当现场实测资料较少时，该理论的计算准确性较差，而且不能够从本质上对地表及覆岩的移动变形进行解释。而力学的方法有可能弥补上述不足之处，但是由于岩体结构、岩石性质的复杂性，在简化假设的条件下，利用连续介质力学理论会造成一定的误差，所以至今未能在岩层移动领域中获得广泛应用[189]。考虑到冒落带与断裂带在结构方面存在着较大的差异，采空区上覆岩层的移动变形必须分开对待，断裂带及其上部的弯曲下沉带岩层由于呈现出层状结构，可以通过梁或者薄板理论来研究岩层的移动变形。学者[82,190]通过弹性梁或薄板理论建立力学模型，研究采空区上部高位厚硬岩岩层断裂前后能量的集聚和释放规律，用以指导矿山动力灾害的防治工作；翟所业、郝延锦等[68,70,191]以覆岩尤其是关键层为研究对象，将其简化为弹性板，分析薄板在均布载荷作用下产生的挠曲变形。上述研究将弹性板上部载荷简化为均布载荷，忽略了煤壁前方支承压力的存在，或者未考虑采动岩层下部不同地基的反力，使得力学模型与工程现场存在一定的差异。

针对采动影响下覆岩的移动变形特点，将采动岩层的下部弹性地基分为煤壁前煤岩体地基基础和采空区冒落岩块组成的地基基础，建立不同地基基础上基本顶挠曲微分方程力学模型，通过对基本顶煤壁前挠度曲线以及采空区应力恢复距离进行分析，来验证力学模型计算岩层移动变形的正确性，然后针对覆岩移动变形的特点，提出采动影响跨距，用以表示覆岩的采动影响剧烈范围。对力学模型的参数效应进行分类分析，然后计算出不同埋深水平岩层的挠曲方程，分析了挠曲曲线的分布特征，得到覆岩移动变形机理及覆岩空间移动变形的规律。

3.1 采动岩层移动变形力学模型

理论研究认为，采动岩层在竖直方向上，根据采动程度的不同，覆岩岩层分为冒落带、裂隙带和弯曲下沉带，其中裂隙带岩层虽然产生裂缝、离层和断裂，但是仍能够保持层状结构，而弯曲下沉带只产生法向弯曲，不产生断裂，具有良好的隔水性。可以认为基本顶以上岩层未发生切落性断裂，能够满足横观各向同性弹性薄板的条件。不考虑工作面开采期间的岩层由于弯矩增大引起的断裂（后续将介绍周期断裂岩层与弹性地基薄板的计算对比，说明上述假设的适用性）。

3.1.1 弹性地基上的薄板模型

在煤矿实际开采工作中，一般走向长壁开采工作面的采空区走向长度为数百米到数千米，宽度在 150m 以上，且覆岩随开采水平距离的增加，影响面积越来越大。采空区上部岩层的单层厚度 h 一般小于采空区最小特征尺寸 b 的 1/5，即小于 30m，且当挠度 w 小于板厚度的 $1/5h$ 时，可以采用小挠度薄板理论对岩层的移动变形进行研究。

为了将复杂工程问题简化，小挠度薄板理论符合下列假定[62]：

（1）垂直于薄板中平面的法线在变形后仍垂直于弹性曲面，且长度不变；

（2）垂直于中面方向的正应力 σ_z，相对于其他两个方向的正应力 σ_x、σ_y 可以忽略不计，平行于薄板中面的各平行层之间没有挤压应力，即 σ_z、ε_z、τ_{xz}和 τ_{yz}等于零；

（3）薄板弯曲时，面内的各点都不产生平行于中面的位移。

将煤层和各层岩梁看作具有一定弹性系数的弹性体，满足 Winkler 弹性基础梁，煤层底板看作刚性体，其变形影响忽略不计。在上部载荷的作用下，岩层产生挠度 $w(x, y)$ 时，其下部弹性地基反力大小为

$$q_c = kw(x, y) \tag{3-1}$$

式中，k 为弹性地基系数，N/m^3。

根据以上假设，建立以挠度 $w(x, y)$ 为未知量的弹性板微分方程：

$$D\nabla^2\nabla^2 w(x, y) = q(x, y) - kw(x, y) \tag{3-2}$$

式中，D 为板的抗弯刚度，MPa，$D = Eh^3/[12(1-\nu^2)]$；E 为岩层弹性模量，MPa；h 为岩层厚度，m；ν 为泊松比；$w(x, y)$为弹性岩板的挠度，m；$q(x, y)$ 为弹性岩板所承受的载荷，MPa；k 为地基弹性系数，N/m^3；∇^2 为拉普拉斯算子，$\nabla^2 = \dfrac{\partial^2}{\partial x^2} + \dfrac{\partial^2}{\partial y^2}$。

3.1.2 边界条件及连续条件

由于在采动影响范围内，岩层的载荷和地基基础不同，根据采动破坏特征，将弹性板下部的地基分为工作面前方未开采煤层以上的煤岩体弹性地基（简称为煤岩体地基）和工作面后方采空区破断岩层组成的弹性地基（简称为采空区地基）。将岩层岩板根据不同的受力情况分开讨论，岩层弹性板隔离体见图 3-1。

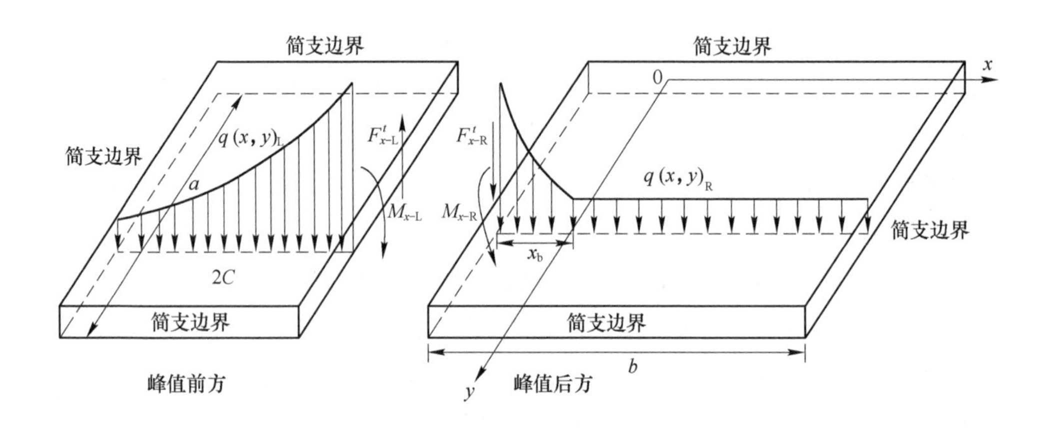

图 3-1 采空区上方岩层隔离体简化力学模型

理论分析和现场实测普遍认为采空区应力恢复距离为 0.3~0.4 倍的煤层埋深[182,192]，即当工作面最小尺寸大于 0.6H 时，随着工作面的开采，采空区应力恢复能够达到原始应力水平。否则，在采空区周围形成的压力拱作用下，采空区碎胀岩块所受载荷小于原始应力。对于走向长壁开采工作面来说，工作面的推进距离是应力恢复距离的关键因素。在开采实践中一般认为工作面顶板的断裂及移动变形随工作面推进距离增加发生周期性变化。将工作面倾向方向的载荷简化为均布载荷，且 y 方向边界条件假定为简支边界，即 $y=0$、$y=a$ 时有

$$\begin{cases} w_{\substack{y=0\\y=a}} = 0 \\ \dfrac{\partial^2 w}{\partial y^2}_{\substack{y=0\\y=a}} = 0 \end{cases} \tag{3-3}$$

两隔离体 x 轴方向的左右边界位置满足简支边界条件即可，于是有

$$\begin{cases} w_{\mathrm{L}} = \dfrac{q(x, y)}{k_{\mathrm{L}}}, \ \dfrac{\partial^2 w_{\mathrm{L}}}{\partial x^2} = 0 & (x = -x_{\mathrm{b}} - 2C_{\mathrm{L}}) \\ w_{\mathrm{R}} = 0, \ \dfrac{\partial^2 w_{\mathrm{R}}}{\partial x^2} = 0 & (x = b) \end{cases} \tag{3-4}$$

对于采空区顶板弹性板结构来说，当 $x=-x_{\mathrm{b}}$ 时两隔离体接触边界上是连续的，其挠度和斜率满足下列条件：

$$\begin{cases} w_{\mathrm{L}} = w_{\mathrm{R}} \\ \dfrac{\partial w_{\mathrm{L}}}{\partial x} = \dfrac{\partial w_{\mathrm{R}}}{\partial x} \end{cases} \tag{3-5}$$

采空区岩层隔离体截面上的内力可以分为弯矩、扭矩和横向剪力，根据微分方程的理论，将边界上的扭矩变换为静力等效的横向剪力，于是与横向剪力合并为边界上的分布剪力：

$$F_x^t = Q_x + \frac{\partial M_{yx}}{\partial y} = -D\left[\frac{\partial^3 w}{\partial x^3} + (2-\nu)\frac{\partial^3 w}{\partial x \partial y^2}\right] \tag{3-6}$$

岩层隔离体截面上弯矩的表达式为

$$M_x = -D\left(\frac{\partial^2 w}{\partial x^2} + \nu\frac{\partial^2 w}{\partial y^2}\right) \tag{3-7}$$

两隔离体边界静力平衡条件为

$$\begin{cases} F_{\mathrm{L}}^t = F_{\mathrm{R}}^t \\ M_{\mathrm{L}} = M_{\mathrm{R}} \end{cases} \tag{3-8}$$

3.2 采动岩层挠曲方程求解

3.2.1 单三角函数法求解矩形弹性板的弯曲问题

考虑到弹性板面上有载荷作用时，板的弯曲问题的控制方程应能够满足全部边界条件，为此挠度函数取单三角级数形式：

$$w(x, y) = \sum_{m=1}^{\infty} f_m(x)\sin\gamma y \tag{3-9}$$

式中，$\gamma=m\pi/a$，m 为级数，$m=1, 2, 3, \cdots, \infty$。

由此可见，将 $y=0$，$y=a$ 代入式（3-9）能够满足边界条件式（3-3）。当 $f_m(x)$取合适值时，该挠度函数可以满足隔离体 x 方向的边界条件。

将式（3-9）代入控制方程式（3-2）中得到关于函数$f_m(x)$的岩层挠曲微分方程，于是有

$$\frac{d^4 f_m(x)}{dx^4} - 2\gamma^2 \frac{d^2 f_m(x)}{dx^2} + \left(\gamma^4 + \frac{k}{D}\right) f_m(x) = \frac{q_m(x)}{D} \tag{3-10}$$

式（3-10）为四阶常系数非齐次线性微分方程，当等号右边为零时，可以求出该微分方程的齐次解，令$f_m^0(x) = e^{\theta_m x}$，于是得到特征方程：

$$\theta_m^4 - 2\gamma^2\theta_m^2 + \left(\gamma^4 + \frac{k}{D}\right) = 0 \tag{3-11}$$

求解计算得到式（3-11）的特征解为

$$\theta_m = \pm\alpha_m \pm i\beta_m = \pm\sqrt{\frac{1}{2}\left[\sqrt{\gamma^4 + \frac{k}{D}} + \left(\frac{m\pi}{a}\right)^2\right]} \pm i\sqrt{\frac{1}{2}\left[\sqrt{\gamma^4 + \frac{k}{D}} - \left(\frac{m\pi}{a}\right)^2\right]} \tag{3-12}$$

于是岩层挠曲微分方程的通解可以写成如下表达方式：

$$w(x, y) = \sum_m \begin{pmatrix} A_m\cosh(\alpha_m x)\cos(\beta_m x) + B_m\sinh(\alpha_m x)\cos(\beta_m x) + \\ C_m\cosh(\alpha_m x)\sin(\beta_m x) + D_m\sinh(\alpha_m x)\sin(\beta_m x) + Y_m \end{pmatrix} \sin(\gamma y) \tag{3-13}$$

3.2.2 岩层弹性板挠曲方程中未知参数的确定

若要求出岩层弹性板的两隔离体挠曲微分方程的特解，则必须先求出式（3-10）等号右侧的$q_m(x)$，有

$$q_m(x) = \frac{2}{a}\int_0^a q(x, y)\sin\gamma y\,dy \tag{3-14}$$

将式（3-14）代入式（3-10），式（3-10）为四阶常系数非齐次微分方程，其通解由式（3-10）的齐次方程通解和非齐次微分方程（3-10）本身的一个特解组成。式（3-10）左、右隔离体挠度微分方程的特解为

$$\begin{cases} Y_{mL} = \dfrac{4\sigma_0}{m\pi D}\left[\dfrac{(K-1)e^{\frac{x+x_b}{C_L}}}{\dfrac{1}{C_L^4} - \dfrac{2\gamma^2}{C_L^2} + \zeta} + \dfrac{1}{\zeta}\right] \\ Y_{mR} = \dfrac{4\sigma_0}{m\pi D}\left[\dfrac{(K-\alpha)e^{\frac{-x-x_b}{C_R}}}{\dfrac{1}{C_R^4} - \dfrac{2\gamma^2}{C_R^2} + \delta} + \dfrac{\alpha}{\delta}\right] \end{cases} \tag{3-15}$$

式中，Y_{mL}和Y_{mL}分别为左隔离体和右隔离体的挠曲微分方程的特解；$\zeta=\gamma^4+k_L/D$，$\delta=\gamma^4+k_R/D$，其中k_L和k_R分别为左、右隔离体弹性地基的地基参数。

将式（3-15）代入式（3-13）得到了待定系数的挠曲微分方程，然后式（3-13）满足左右隔离体的边界条件式（3-4）和连续性条件式（3-5）与式（3-8），联立可以得到含有8个等式的方程组，可以求解出未知参数A_{mL}、B_{mL}、C_{mL}、D_{mL}、A_{mR}、B_{mR}、C_{mR}、D_{mR}。因此当$m=1$，2，3，…时，能够求出其对应的广义坐标，进而得到两个隔离体挠度微分方程。

3.3 工程算例与应用

由于覆岩现场观测耗费时间长、费用较高、监测困难，现场应用相对较少，所以本节以裴沟煤矿31071工作面采空区上方基本顶为上述力学模型的计算对象，通过与基本顶运动相关的采空区应力恢复距离的计算，来验证支承压力范围划定和覆岩移动变形力学模型的正确性。

根据2.3节中对31071工作面地质和开采条件的介绍，依据力学模型的单三角函数求解原理，得知工作面倾向方向长度对本次计算不产生影响，于是取倾向长度$a=130$m，走向长度$b=400$m，煤层平均埋深为300m，开采高度$M=7.5$m，基本顶为中粒砂岩（厚度$h=8$m，容重$\gamma=26$kN/m^3，弹性模量$E=18.0$GPa，泊松比$\nu=0.30$，抗弯刚度$D=8.44\times10^{11}$N·m），初始竖直应力$\sigma_0=7.15$MPa。

根据式（3-25）可以得到基本顶支承压力峰值位置距离煤壁$x_b=17.31$m；根据式（3-24）可以得到基本顶支承压力峰后影响距离$2C_R=9.94$m；根据式（3-23）计算得到峰前影响距离$2C_L=66.89$m；基本顶支承压力集中系数K可通过式（3-22）计算求得，$K=2.40$，即支承压力峰值为18.00MPa。其他参数：煤系地层地基系数$k_L=30.0\times10^9$N/m^3，采空区地基系数$k_R=1.18\times10^6$N/m^3，采空区原岩应力折减系数$\alpha=1$。

为方便起见，本书级数选取$m=1$时，取上述参数，则基本顶挠曲微分方程的求解过程：将相关参数代入式（3-12）得到$\alpha_{mL}=0.03086$，$\beta_{mL}=0.01919$，$\alpha_{mR}=0.3075$，$\beta_{mR}=0.3066$；将式（3-13）代入边界条件方程组（3-4）和连续性条件方程组（3-5）与（3-8），联立可以得到含有8个等式的方程组。将上述方程组用数学和工程计算软件求解，得到$A_{mL}=-0.9371$，$B_{mL}=-0.9371$，$C_{mL}=12.4849$，$D_{mL}=12.4849$，$A_{mR}=-4.9981$，$B_{mR}=4.9981$，$C_{mR}=-3.2922$，$D_{mR}=3.2922$。

同理可以求得当 $m=2, 3, 4, \cdots$ 时所对应的挠曲方程，本书在计算时发现当级数中仅取一项时就能满足工程要求。最后将基本顶两隔离体挠曲方程转换到同一坐标系中，得到基本顶挠曲的统一方程。基本顶挠度曲面和主断面上基本顶的挠度曲线见图 3-2。

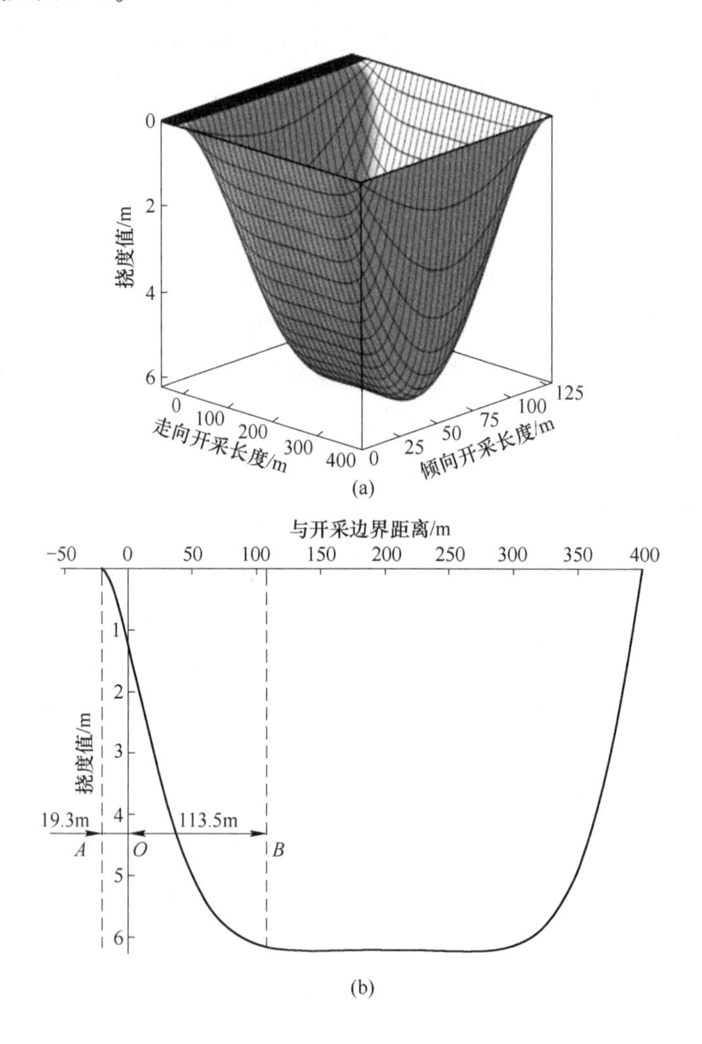

图 3-2 基本顶挠度曲面和挠度曲线

（a）挠度曲面；（b）走向挠度曲线

由图 3-2 可以看出，在采空区距离工作面煤壁 113.5m 的位置，基本顶挠曲线趋于平缓。说明由于煤层的开挖，基本顶岩层在上覆载荷和冒落岩块形成弹性地基反力的作用下，基本顶完全触矸。基本顶的挠度最大值为 6.21m，根据对地基反力的计算，采空区应力值为 7.35MPa，略大于开采前原岩应力（其值为 7.15MPa），认为此时采空区应力恢复到原岩应力水平。由此认为采空区应力恢复距离为 113.5m，相当于 0.38 倍的采深，与通过众多现场采空区应力测试的经验值（0.3~0.4）H（H 为煤层埋深）相符，本书的计算方法宜作为采空区应力恢复距离计算的参考。

由图 3-2 煤壁前基本顶挠度曲线可知，基本顶下部地基在采动支承压力的作用下出现压缩变形，煤壁处压缩值最大，为 1.20m；并且在煤壁前方基本顶部分区域出现上升的现象，最大上升值为 7.06mm。在采场压力和地表沉陷的监测中，可以发现弹性板（梁）由于弯曲下沉而引起岩层或地表轻微上升的现象[193]，说明理论分析与现场实际情况相符。当基本顶悬顶距离接近周期垮落步距时，煤壁前方基本顶弯矩达到最大值，因此岩层在拉应力的作用下发生破断。破断后断裂处的内力（弯矩和剪力）发生变化，弯矩为零，在水平力的作用下破断岩块之间的摩擦产生剪力，但其值小于破断前岩层内的剪力。所以破断前的基本顶挠度曲线上升部分在上部岩层载荷的作用下被压缩，形成“压缩区”；由于基本顶断裂处弯矩消失，弯曲作用减弱，基本顶将发生反弹现象，该区域称为“反弹区”。基本顶的“反弹”和“压缩”现象是针对断裂前后发生的能量释放现象，由此产生的震动会引发矿井动力灾害[82,190,194]。一般认为当采空区顶板达到极限步距时，上覆岩层中存在的一定厚度的坚硬岩层易发生“反弹”现象。根据基本顶挠曲微分方程，得到基本顶岩层在煤壁前方 17.67m 处的弯矩最大，因此可以判断该处极易发生断裂，说明采场围岩空间破裂位置位于煤壁前方一定的距离[194]。

由于覆岩构筑物（巷道、硐室、煤仓等）距离开采煤层的距离（10~20 倍的采厚）较近，一般位于裂隙带岩层内。根据覆岩移动理论，当煤层开采尺寸不大的情况下，构筑物所在煤岩层即可达到充分采动状态，然而构筑物所受采动影响剧烈的区域为采动边界处到下沉曲线“平底”边界处（采空区应力恢复边界处）的区域。受煤壁前岩层挠度分布规律和采空区应力恢复距离的启发，提出覆岩采动影响跨距的概念：岩层下沉曲线边界点 A（A 点的下沉值为 10mm），它和采空区上方岩层下沉曲线“平底”边界点 B 的平距 L_{A-B}，见图 3-2（b）。通过对挠曲微分方程进行计算得到，基本顶采动影响跨距 $L_{A-B}=L_{A-O}+L_{O-B}=132.8$m，其中 L_{A-O} 为煤壁前的采动影响距离；L_{O-B} 为采空区的采动影响距离，等同于采空区应力恢复距离。

综上所述，采空区应力恢复距离、岩层煤壁前的“反弹现象”以及弯矩分布规律均与现场实际情况相符，在考虑支承压力的情况下，弹性地基板模型能够真实地反映采空区上部顶板的弯曲变形及断裂特征的本质，说明了本书弹性地基板模型在覆岩移动变形研究中的适用性。在考虑支承压力的条件下计算得到采动影响跨距为 132.8m，而未考虑支承压力的情况下其值为 110.3m，二者相差 22.5m，说明支承压力考虑与否对覆岩移动变形的计算结果影响较大。

上述分析未考虑岩层在工作面推进过程中基本顶破断前后移动变形的差异，由采动岩层的理论可知，当覆岩达到一定的悬顶距离后，会发生周期性破断，因此有必要对比本章的简化算法与考虑断裂带内岩层周期性破断的铰接岩层移动变形。

根据现场工作面开采过程中液压支架的矿山压力观测，基本顶的周期来压步距大约为 20m，因此以煤壁前方 17.67m 为界，以周期性垮落步距 20m 为一个单元岩板长度，各单元岩板之间的边界条件为铰接条件，即相邻处弯矩 M_x 为零，剪力 F_x^t 相等，基本顶岩层上部载荷不变，仍可用式（2-11）和式（2-12）来表示。根据采空区应力恢复距为 0.3~0.4 倍的采深，以煤壁前方断裂处后方取 4 块周期断裂岩板共 80m，其后方简化为一半无限弹性板；煤壁前方断裂处至周期断裂岩板的地基系数由煤壁前方煤岩体地基系数与采空区的地基系数线性表示；半无限长弹性板的边界条件为 $w'(\infty)=0$，$F_\infty^t=0$。其他边界条件均简化为简支边界条件；同理参照基本顶挠曲微分方程的求解步骤，得到本章前述方法与周期断裂的铰接岩板基本顶挠度曲线，具体见图 3-3。

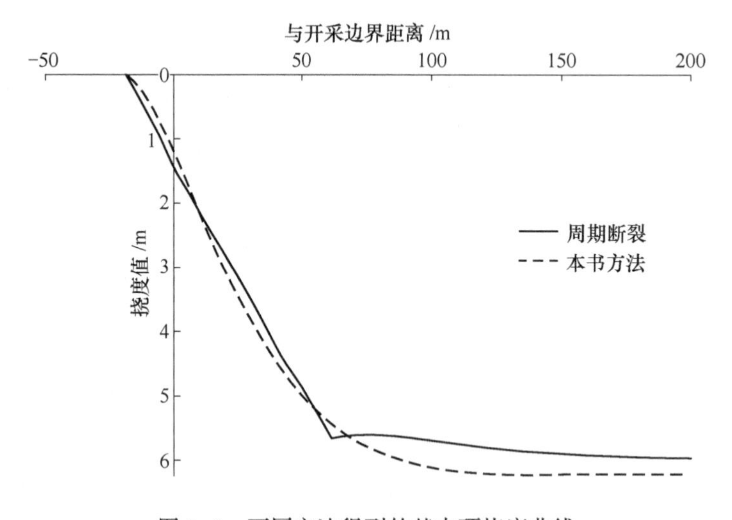

图 3-3 不同方法得到的基本顶挠度曲线

由图3-3可以看出，运用周期断裂的铰接岩板与本章前述方法计算的曲线二者相差不大，除了基本顶岩层挠度曲线盆地“底部”边缘位置周期断裂岩板部分区域的隆起，两曲线的相似度较高，总体趋势相同。说明在未考虑岩层断裂的条件下，对岩层进行挠曲微分方程简化计算，能够满足岩层移动变形的需要，因此为了简便起见，本书以下均采用弹性薄板来对断裂带及弯曲下沉带内岩层进行计算，以求获取其影响变化规律。

3.4 力学模型的参数敏感性分析

根据上述岩层运动力学模型的分析，本书将力学模型的输入参数归纳为两类：一类是地质赋存条件参数，另一类是采矿开采条件参数。其中地质参数包括岩体抗弯刚度 D、均布载荷 σ_0 以及煤岩体弹性地基系数 k_L。开采参数有由于开采活动不断进行从而导致变化的支承压力参数（支承压力峰值 σ_v、峰值位置 x_b）、与煤层开采高度 M 有关的采空区弹性地基系数 k_R。在工程实例的基础上，将上述6个输入参数代入力学模型，用以分析影响力学模型的地质和开采参数敏感性。

以下计算所采用的计算参数，未经说明和更改的情况下，力学模型的地质参数和开采参数均采用3.3节实例的参数：岩体抗弯刚度 D 为 $8.44\times10^{11}\mathrm{N\cdot m}$，均布载荷 $\sigma_0=7.15\mathrm{MPa}$，煤岩体弹性地基系数 $k_L=30.0\times10^9\mathrm{N/m^3}$，支承压力峰值应力集中系数 $K=2.40$，峰值位置为煤壁前方17.31m，采空区弹性地基系数为 $1.18\times10^6\mathrm{N/m^3}$。

3.4.1 地质赋存条件参数

3.4.1.1 岩体抗弯刚度 D

对于覆岩中赋存有厚硬岩层的情况，往往容易引发矿震现象，对工作面的支架产生强大冲击，严重情况下会造成严重的矿山动力灾害。同样此类岩层的抗变形能力较强，势必会影响覆岩内移动变形的分布规律，可根据岩层的抗弯刚度 $D=Eh^3/[12(1-\nu^2)]$ 来表示岩层的抗变形能力。抗弯刚度计算公式中包含了岩层的弹性模量 E 和厚度 h 对岩层的弯曲下沉和断裂的影响，至于岩层的不同弹性模量和厚度 h 的组合情况，本书不再讨论。

在其他输入参数不变的情况下，将岩层抗弯刚度分别增加至2倍、4倍和8倍，然后将其分别代入岩层挠曲微分方程中，得到岩层走向断面的挠度曲线以及岩层位移和受力变化规律，如图3-4和表3-1所示。

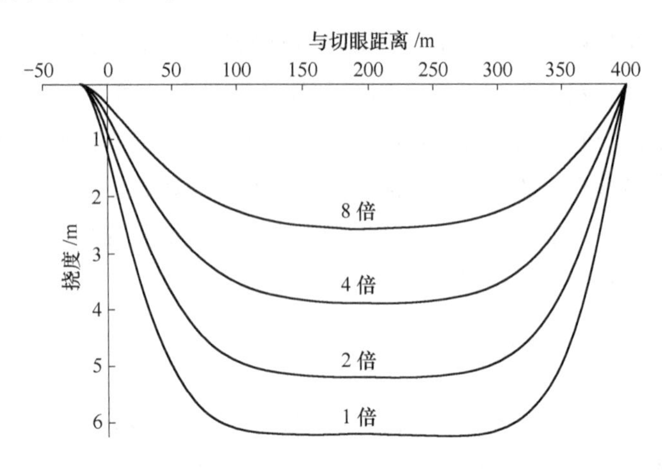

图 3-4 抗弯刚度不同时岩层的挠度曲线

表 3-1 抗弯刚度不同时岩层位移和受力变化规律

抗弯刚度倍数	最大挠度 /m	地基压缩值 /m	弯矩极值位置 /m	弯矩极值 /N·m	采动影响跨距 /m
1	6.21	1.20	−17.67	6.12×10^9	132.8
2	5.20	0.83	−17.86	7.66×10^9	160.6
4	3.89	0.56	−17.92	9.09×10^9	180.4
8	2.57	0.35	−17.94	10.10×10^9	220.0

由图 3-4 和表 3-1 可知，当岩层的抗弯刚度增加时，岩层的采动影响跨距是逐渐增加的，但是岩层挠度曲线的最大挠度值是逐渐减小的。说明岩层抗弯刚度较大时，在上部载荷的作用下，产生的弯曲变形较小，但弯曲变形的范围增大，可以判断岩层的抗弯刚度是岩层采动影响跨距的主控因素之一。

从岩层弯矩的极值及其位置变化规律来看，岩层发生弯曲变形后，岩层的抗弯刚度越大，岩层受到的弯矩越大，越容易发生破断，但是其破断位置变化不大。上述规律也可以对工作面上部赋存有厚硬岩层而诱发冲击地压或矿震进行解释：工作面回采过程中，工作面上方厚硬岩层的弯曲变形相对一般岩层来说较小，但影响范围较大，作为关键层支撑上部载荷。当工作面达到一定距离该岩层产生断裂后，该岩层势必发生较大的移动变形，伴随着较大能量的释放，因此容易发生矿震，并诱发工作面的冲击地压。再者厚硬岩层发生断裂前，地基压缩量较小，当断裂后煤壁处产生较大的压缩变形，极易造成工作面煤壁片帮，并造成压架事故[195]。所以从降低岩层的抗弯刚度出发，可采用定向裂缝的方法，人为增加岩层的裂隙，达到降低岩体弹性模量的效果，从而降低抗弯刚度，起到减小岩层断裂前后释放的弯曲弹性能的作用。

3.4.1.2 均布载荷 σ_0

岩层弹性板模型中均布载荷 σ_0 代表了该岩层所处埋深的大小，本书在其他输入参数不变的情况下，将岩层所处埋深设定在 200m、286m（上述实例）、400m、500m 的水平，然后将相关参数分别代入岩层挠曲微分方程中，得到岩层走向断面的挠度曲线以及岩层位移和受力变化规律，如图 3-5 和表 3-2 所示。

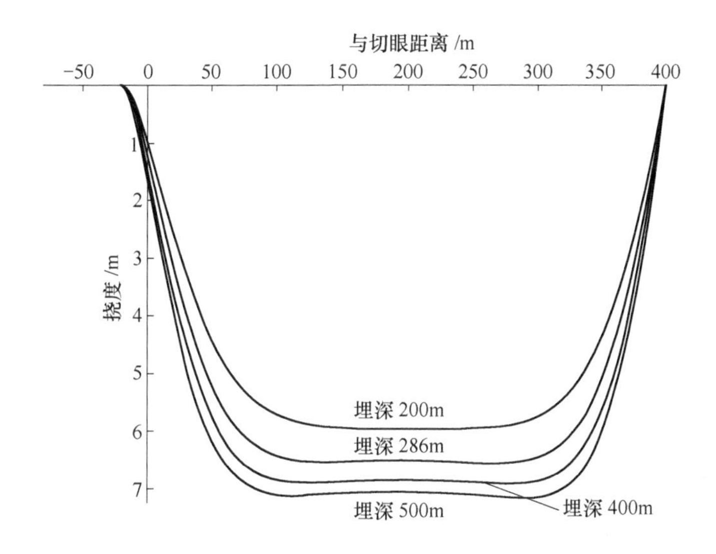

图 3-5 均布载荷不同时岩层的挠度曲线

表 3-2 均布载荷不同时岩层位移和受力变化规律

埋深 /m	影响边界位置 /m	最大挠度 /m	地基压缩值 /m	弯矩极值位置 /m	弯矩极值 /N·m	采动影响跨距 /m
200	-19.00	5.93	0.99	17.64	4.27×10^9	157.7
286	-19.31	6.21	1.20	-17.67	6.12×10^9	132.8
400	-19.56	6.82	1.48	-17.85	7.55×10^9	124.8
500	-19.69	7.05	1.63	-17.83	8.68×10^9	103.5

由图3-5和表3-2可以看出，岩层充分采动的情况下，岩层最大挠度值、弯矩以及地基压缩值随着岩层赋存深度的增加而增大，但采动影响跨距是逐渐减小的。

3.4.1.3 煤壁前煤岩体弹性地基系数 k_L

岩层的移动变形受其上下岩层的共同作用，对于研究对象来说，上部岩层的影响主要通过载荷的大小（包括均布载荷、支承压力峰值大小以及峰值位置）来表示，下部岩层通过弹性板的弹性地基反力来表示。

弹性地基系数 k_L 由其下部各个弹性体岩层的厚度 h 和弹性模量 E 决定。本书在其他输入参数不变的情况下，改变弹性地基系数 k_L 的大小，分别为 $0.3\times10^9N/m^3$、$3\times10^9N/m^3$、$30\times10^9N/m^3$、$300\times10^9N/m^3$。然后将其分别带入岩层挠曲微分方程中，得到岩层断面的挠度曲线以及岩层位移和受力变化规律，如图3-6所示。

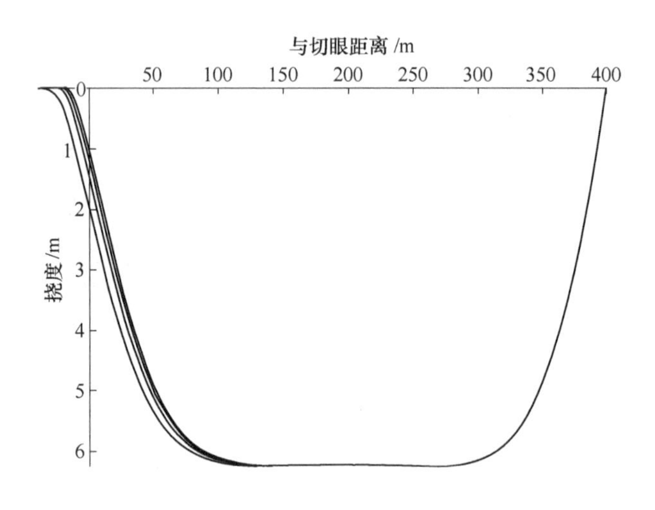

图3-6 弹性地基不同时岩层的挠度曲线

从图3-6中可以看出，当煤壁前方弹性地基系数取不同值时，岩层挠度曲线的极值变化不大，均为6.21m。通过计算得到的弯矩的分布规律以及采动影响跨距也相差不大。当弹性地基系数分别为 $0.3\times10^9N/m^3$、$3\times10^9N/m^3$、$30\times10^9N/m^3$、$300\times10^9N/m^3$ 时，对应的煤壁位置地基的压缩值分别为2.01m、1.46m、1.20m和1.06m，说明下部地基的压缩量随着弹性地基系数的增加而减小。从煤壁前方岩层的影响距离来看，煤壁前方挠度值为10mm时，不同地基系数对应的煤壁前距离分别为 37.50m、23.47m、21.06m 和 20.34m，说明当煤壁前方地基系数减小时，岩层采动影响的范围将增大。对应于现场实践来说，当工作面前方煤岩体在采动过程中发生塑性变形，其力学性质大大减小，相应的地基系数也将有所减小，所以会引起在工作面开采空间逐渐增大时采动影响的范围也逐渐增加的现象。

3.4.2 采矿开采条件参数

3.4.2.1 支承压力分布（应力集中系数 λ、峰值位置 x_b）

前人对覆岩移动和采场支承压力的研究认为，煤层开采对岩体的扰动，造成采空区上部岩层在自重的作用下向开采空间产生位移，在采空区两侧形成应力拱，支承着采空区上部部分岩层的重量，在采空区两侧煤柱上方岩层形成采动支承压力[22,23]，因此在采动支承压力的作用下，岩层的移动变形也将对采空区的压实产生影响。在工程实例分析的基础上，对煤壁前方岩层的支承压力应力集中系数 λ 分别取 1.2、2.4、3.6 和 4.8，求解岩层挠曲方程，得到岩层挠曲断面上挠度曲线，具体见图 3-7。

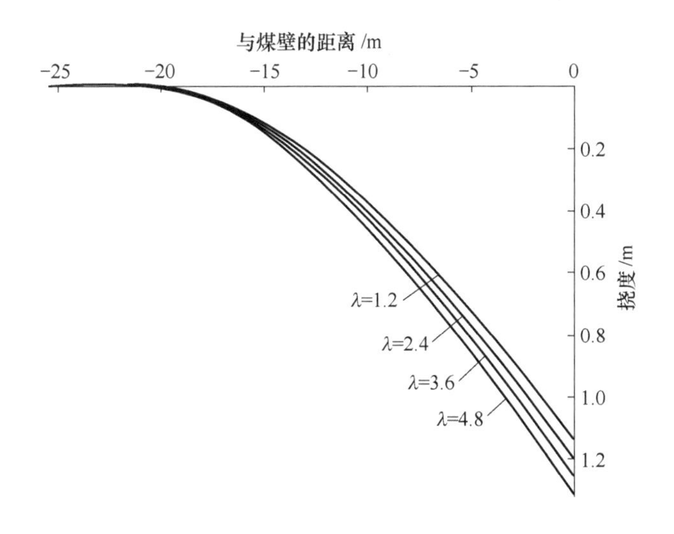

图 3-7 不同应力集中系数下煤壁前岩层挠度曲线

由图 3-7 可知，当煤壁前方岩层支承压力应力集中系数 λ 逐渐增大时，由于在采空区上方的岩层载荷不变，使得岩层最大挠度值基本不变，而岩层下部地基在煤壁处的压缩值逐渐增加，依次是 1.14m、1.20m、1.25m 和 1.32m。相应地岩层的最大弯矩值也有所增加，从应力集中系数为 1.2 时的 5.67×10^9N · m，增加到应力集中系数为 4.8 时的 6.94×10^9N · m。由此可以看出当煤壁前方支承压力增大时，在较大载荷的作用下，岩层在煤壁处的下沉较大。不同于弹性地基不同时下岩层弯矩变化规律，岩层的弯矩随岩层支承压力增大而增加。

以煤壁处为原点，岩层支承压力峰值位置 x_b 分别取 7.31m、17.31m、22.31m、27.31m，求取岩层挠曲微分方程。然后以此对岩层煤壁前挠度及弯矩分布、采动影响跨距进行分析，如图 3-8 所示。

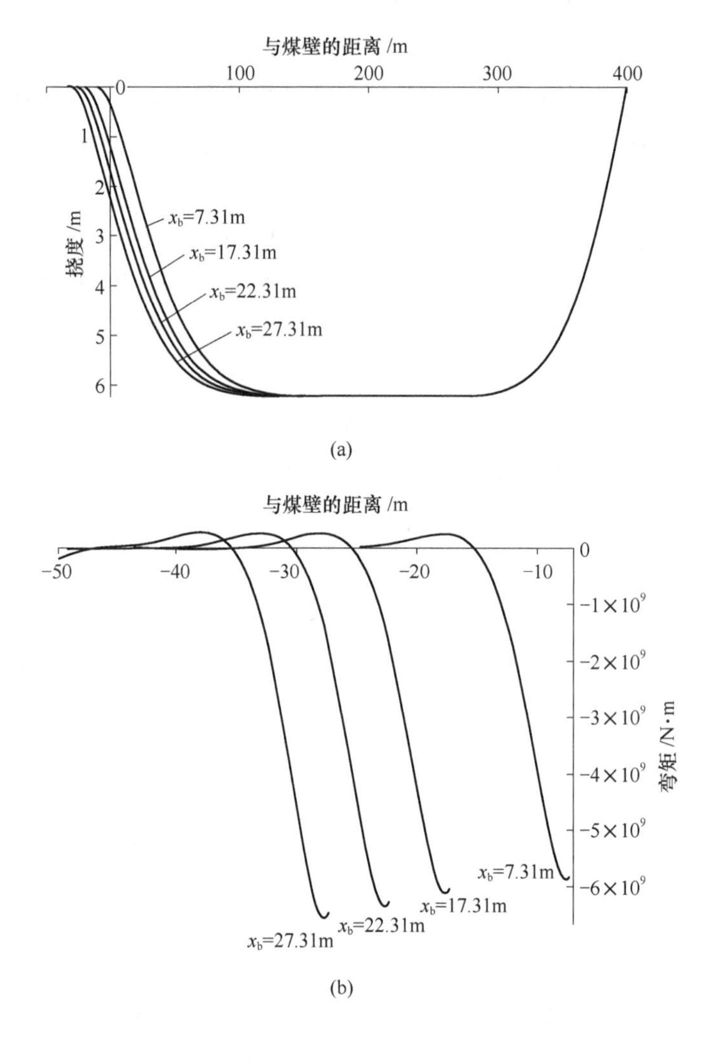

图 3-8 峰值位置不同时煤壁前岩层挠度曲线和弯矩变化规律

（a）挠度；（b）弯矩

从图 3-8（a）可以看出，随着岩层支承压力峰值位置逐渐靠近煤壁，岩层的挠度曲线表现出以下规律：煤壁位置地基压缩量逐渐减小，依次为 2.24m、1.20m、1.71mm 和 0.38m；曲线的最大挠度值基本不变；由于煤壁前方的采动影响距离随着支承压力峰值的移动而发生相应改变，所以峰值位置对岩层的采动影响跨距影响不大。从图 3-8（b）中岩层弯矩的变化曲线来看，随着岩层支承压力峰值与煤壁距离的减小，岩层的最大弯矩逐渐减小，但是减小的幅度越来越小。

由 2.3.3 节可知，随着采空区面积的逐渐增大，煤层支承压力峰值的应力集中系数也随之增加，并且当工作面达到一定值时，煤层支承压力峰值应力集中系数趋于稳定，煤层支承压力峰值位置也表现出上述规律。由图 3-8（a）中岩层挠度曲线随支承压力分布的变化规律可以判断，在工作面推进距离不断增加的过程中，岩层在煤壁处下部地基压缩量逐渐增大后趋于稳定，采空区采动影响跨距基本不变。

3.4.2.2 采空区弹性地基系数 k_R

弹性地基系数是弹性板模型中一个重要的输入参数，但是在实际的求解中，弹性地基系数 k_R 比较难确定，其主要由采动岩层的岩性及破裂损伤状态决定[196,197]。煤层开采高度 M 越大，则上部岩层的采动程度越大，会使上部覆岩出现较大的破坏，因此破断后岩块的碎胀性越大；再者随着岩层与煤层距离的增加，采动影响程度也随之减小，直观地说，在煤层竖直方向上，根据岩体采动程度的不同，又可以将覆岩分为三带，即垮落带、断裂带和弯曲下沉带，因此不同区域内即使同一种岩性岩层的弹性地基系数也不尽相同。

根据式（3-1），在工作面达到充分采动情况下，采空区由于上覆岩层的重新压实，其应力重新恢复到采动前的原岩应力水平，岩层的下沉曲线在采空区中部表现出“盆地”形状，可以确定采空区地基系数 k_R 为

$$k_R = \frac{q(x,\ y)}{w(x,\ y)} = \frac{q(x,\ y)}{q(z)M\cos\alpha} \tag{3-16}$$

当采空区应力恢复到原岩应力状态，上部载荷 $q(x,\ y)$ 等于上部岩层的容重，即 $q(x,\ y)=\gamma H$ 或 γz，将不同水平岩层的下沉系数代入上式，可以得到采空区不同水平地基系数。因此本书假定其他输入参数不变的情况下，煤层开采高度

M 变化，以此取 M 为 3.75m、7.5m、15m 和 20m 时的采空区地基系数 k_L；然后将相关参数分别带入岩层挠曲微分方程中，得到岩层断面的挠度曲线以及岩层位移和受力变化规律，如图 3-9 所示。

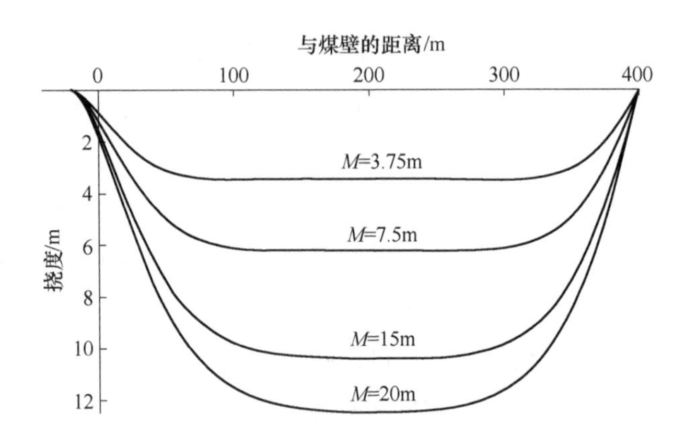

图 3-9 采空区地基系数不同时岩层挠度曲线变化规律

岩层与煤层距离不变的情况下，当煤层开采高度 M 增大时，岩层的采空区地基系数减小。由图 3-9 可以看出，岩层最大挠度值 w_{max} 与煤层开采高度 M 满足式（3-16）的函数关系，并且岩层的采动影响跨距随煤层开采高度 M 的增加而增大，当煤层开采高度分别为 3.75m、7.5m、15m 和 20m 时，对应的采动影响跨距为 98.8m、132.8m、185.3m 和 198.6m。岩层煤壁处地基压缩量随着煤层开采高度的增加而增加，依次为 0.86m、1.20m、1.60m 和 1.76m。岩层煤壁前方的弯矩极值也表现出相同的规律，弯矩极值从 4.54×10^9N·m 增加到 8.64×10^9N·m。由此可见煤层开采高度的增加意味着采空区开采空间的增大，使得岩层的弯曲变形极值增大，开采影响跨距变大，煤壁前方弯矩也随之增大。

3.5 覆岩移动变形的变化规律

3.5.1 基于力学模型分析的覆岩移动规律

本书 3.4 节中对岩层挠曲微分方程的参数进行了研究，分析了参数改变时岩层挠曲变形以及受力的变化。以此来掌握当地质和开采条件变化时，岩层的运动和受力变化规律。对于一个特定的地质和开采条件，在采动影响下煤层上部岩层挠曲变形的求解，需要掌握不同埋深岩层挠曲微分方程的参数变化规律。

3.5.1.1 力学模型中岩层输入参数

首先分析特定地质和开采条件下，当岩层埋深变化时，力学模型输入参数的变化规律。

A 煤壁前方煤岩体地基系数

对于煤壁前方煤岩体地基系数 k_L 来说，一般理论认为若将煤层底板看作是刚性体，煤层及煤层上覆岩层为弹性体，对于弹性体来说，其本构关系式为

$$\sigma = E\frac{w}{h} \tag{3-17}$$

以煤层上覆第 i 层岩层为研究对象，在应力 σ 的作用下，其下部各个岩层的压缩量为

$$w_{i-1} = h_{i-1}\frac{\sigma_i}{E_i} \tag{3-18}$$

对于第 i 层岩层来说，其下部作为弹性体岩层的总压缩量为

$$w_i = \sum_{1}^{i-1} w_i \tag{3-19}$$

于是将第 i 层下部弹性体岩层作为一个弹性地基，将式（3-18）代入式（3-19），约去应力值 σ，再根据弹性地基系数与地基反力的关系 $\sigma = k_i w_i$，联立得到第 i 层岩层下部弹性地基系数与下部各个岩层厚度 h_i、弹性模量 E_i 的关系式[198]：

$$k_{Li} = \frac{1}{\sum_{1}^{i-1}\frac{h_i}{E_i}} \tag{3-20}$$

通过式（3-20）可以看出，当所研究的目标岩层与煤层的距离 $\sum h_i$ 增加时，目标岩层下部煤岩体地基系数逐渐减小。另外，覆岩采动过程中采空区周围的岩层发生塑性变形，其力学强度 E 势必大大减弱，并且从采动覆岩的应力状态可以看出，采空区上方塑性区的范围逐渐增加，可以判断随着岩层与煤层的距离逐渐增加以及下部岩层地基力学性质的变化，地基系数 k_L 减小的趋势将逐渐增大。

B 采空区地基系数

式（3-16）为采空区岩层充分采动区域岩层上部载荷和下部地基反力的关系式，取上部载荷 $q(x, y) = \gamma z$，其中 γ 为岩体容重，取 25000N/m^3，z 为岩层的埋深水平（单位是 m），对 z 进行求导，并取 $M = 7.5$m，$H = 300$m；假定覆岩下沉系数呈线性减小，地表处下沉系数为 0.8，将上述参数代入得到采空区地基系数随岩层与煤层距离的变化曲线，如图 3-10 所示。

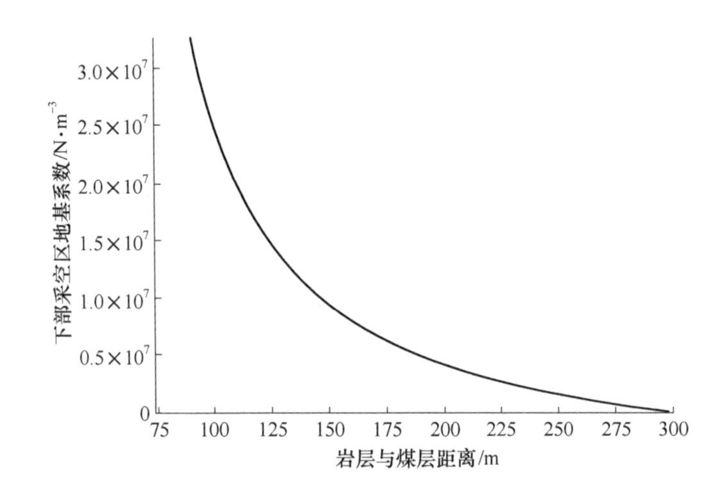

图 3-10 采空区地基系数的变化规律

从图 3-10 中可以看出在上述假定的条件下，采空区地基系数随着岩层与煤层距离的增加而减小。

C 支承压力分布规律

在 2.3.3 节中，运用数值模拟手段，分析了充分采动情况下覆岩支承压力分布变化规律，即随着岩层与煤层距离的增加，支承压力峰值应力集中系数逐渐减小，支承压力影响范围逐渐增大，并且支承压力峰值位置逐渐向采空区侧偏移。上述参数的求取可通过式（2-12）~式（2-15）分别求取。

3.5.1.2 *覆岩不同岩层挠度曲线的求解*

根据 2.3.1 节表 2-1 裴沟矿地层柱状图，选取埋深分别为 46.0m、95.5m、168.5m、250.5m 和 278.5m 的岩层作为计算对象，与计算力学模型相关的参数见表 3-3。

表 3-3 力学模型参数

计算岩层埋深 /m	应力集中系数 K	峰前影响距离 $2C_L$/m	峰值与煤壁距离 x_b/m	煤岩体地基系数 k_L/N·m^{-3}	采空区地基系数 k_R/N·m^{-3}	抗弯刚度 D/N·m
46.0	1.40	131.122	-8.54	0.0015×10^9	0.17×10^6	1.40×10^{11}
95.5	1.76	119.09	-0.61	0.0050×10^9	0.36×10^6	2.89×10^{11}
168.5	1.89	101.35	8.61	0.023×10^9	0.63×10^6	5.26×10^{11}
250.5	2.17	81.55	15.45	0.20×10^9	0.91×10^6	7.73×10^{11}
278.5	2.34	74.62	16.98	15.00×10^9	0.98×10^6	8.90×10^{11}

表 3-3 中未列举的参数包括岩层容重 $\gamma=25\text{kN/m}^3$、泊松比 $\nu=0.3$，需要说明的是，如前所述，煤岩体地基系数 k_L 一方面与和煤层的距离有关，另一方面还与煤岩体弹塑性状态有关，因此对于煤岩体地基系数的求解变得复杂，本书对此做出简化，参考式（3-20）并求取经验值。

根据表 3-3 的力学模型参数进行求解，得到不同岩层走向断面的挠度曲线，见图 3-11。

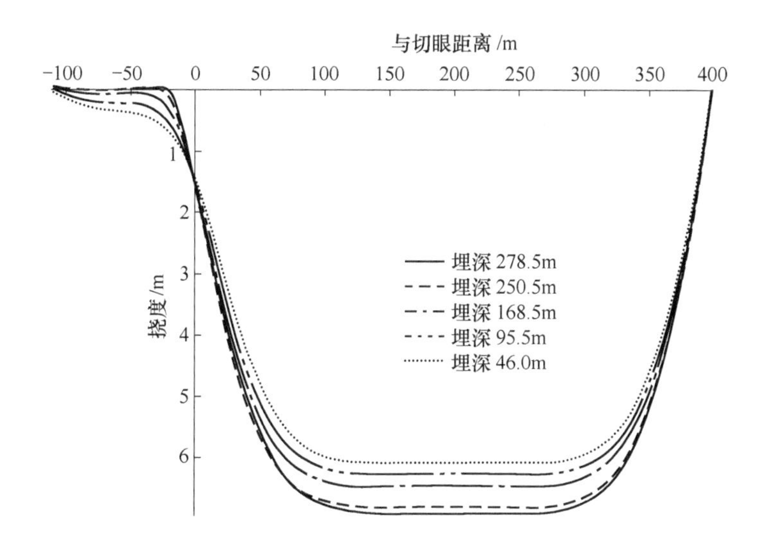

图 3-11 不同埋深岩层走向主断面挠度曲线

3.5.1.3 覆岩不同岩层下沉的变化规律

工作面开采过程中，采空区上部岩层在自重和上部压力的作用下，产生移动变形，并发生破断。在竖直方向上，自采空区向上破断岩层的破裂程度逐渐减小，并且破裂后的岩层在上部岩层自重压力的作用下，重新被压缩，但是仍有部分裂隙存在，发生膨胀效应。从图 3-11 中不同岩层挠度曲线“盆底”处的挠度大小可以看出，随着岩层埋深的减小，移动盆地的下沉最大值逐渐减小。

从图 3-11 煤壁前方不同埋深的岩层挠度曲线分布规律中可以看出，在煤壁前方不同埋深岩层的挠度分布与采空区上方挠度分布有所不同。

图 3-12（a）为力学模型煤壁前方 20m 处不同埋深岩层的挠度，从图中可以看出，随着岩层埋深的减小，竖向同一位置覆岩岩层的挠度是增加的，说明煤壁

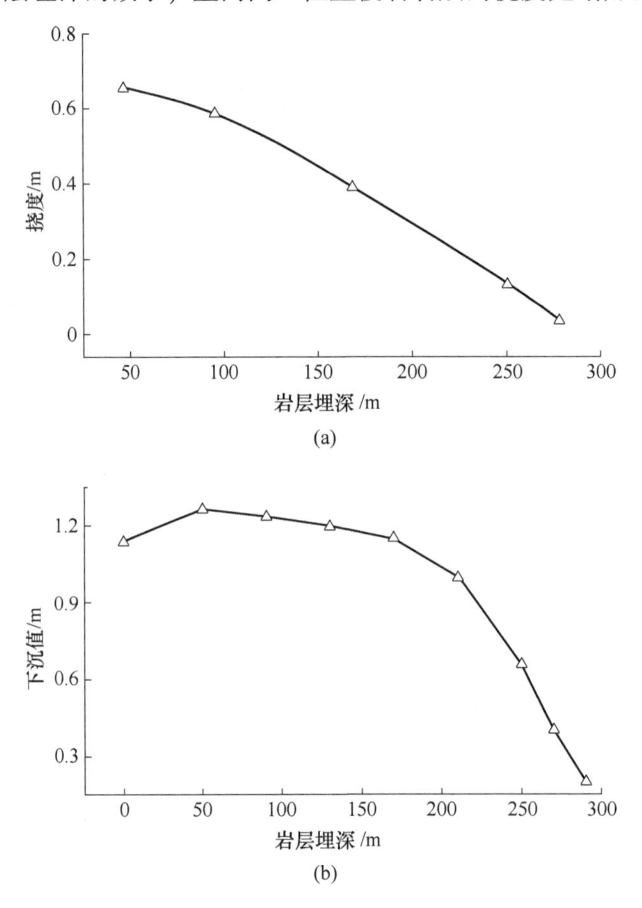

图 3-12 不同埋深岩层在煤壁前方 20m 处的挠度

（a）理论模型；（b）数值模型

前方岩体产生了竖向压缩变形。同时提取 2.3 节中的数值模型中煤壁前方 20m 处不同埋深岩层的下沉值，如图 3-12（b）所示。对比图 3-12（a）和（b）两图可以发现，无论是力学模型还是数值模型，煤壁前方的竖向位移都表现出同样的规律，竖向同一位置的岩层下沉值随着埋深的减小而增加。对于图 3-12（b）中在距离地表 50m 范围内地表的下沉值呈现出逐渐减小的趋势，本书认为一方面，图 2-16（e）中近地表岩层在采动作用下未发现有明显的支承压力存在，可以判断近地表处附加应力相对较小，岩层不会产生明显的压缩变形；另外一方面是由于近地表岩层上部为自由面，易产生较多的地表裂隙，形成碎胀效应，使得近地表岩层下沉值呈现出减小的趋势。

3.5.1.4　*覆岩采动影响范围的变化规律*

此处采用本书提出的采动影响跨距来表示不同埋深水平岩层的采动影响范围，通过对图 3-11 不同埋深岩层挠度曲线的分析，得到不同埋深水平的采动影响跨距变化规律，如图 3-13 所示。

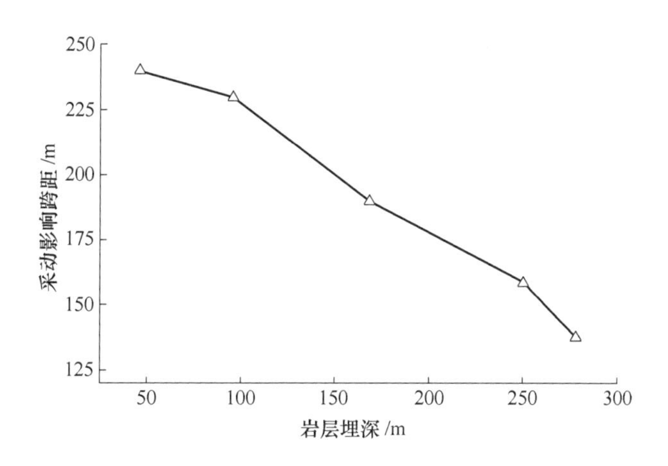

图 3-13　不同埋深岩层的采动影响跨距

从图 3-13 中可以看出，岩层埋深越小，岩层的采动影响跨距越大，即岩层受采动影响的范围越大；并且随岩层与煤层距离的增大，岩层采动影响跨距增大的幅度越来越小。

对 2.3 节中数值模型不同埋深岩层下沉曲线进行提取，得到岩层与煤层距离分别为 250m、210m、170m、130m、90m、30m 以及地表的下沉曲线，具体见图 3-14。

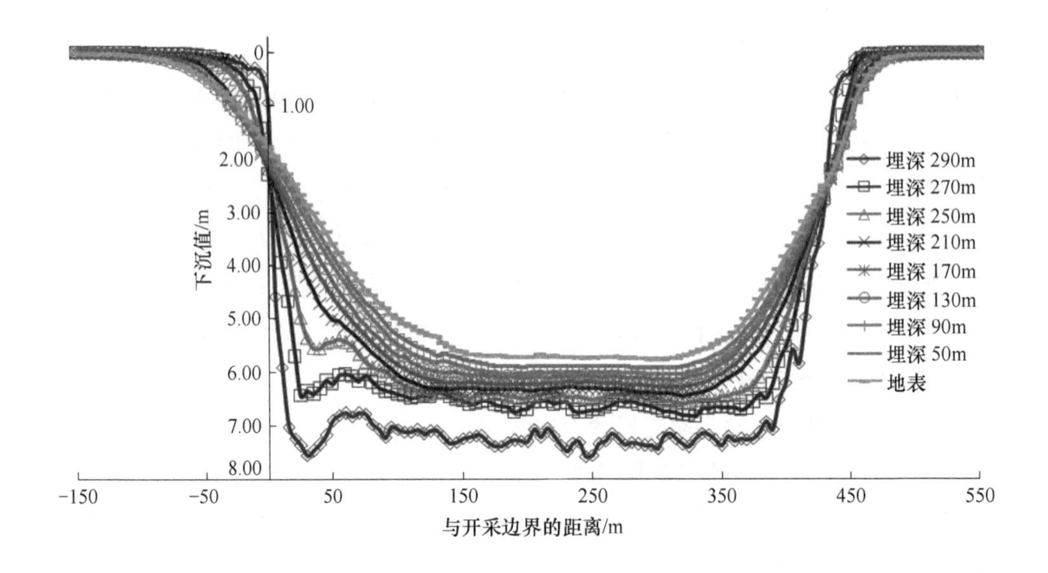

图 3-14 不同埋深岩层的下沉曲线

从图 3-14 中可以看出，不同埋深岩层的下沉曲线边界的影响范围有所不同，定义覆岩采动影响边界为岩层下沉值取 10mm 的位置与煤壁的距离，能够表示采动影响的范围。根据图 3-14 中不同埋深岩层的下沉曲线，通过计算得出岩层的采动影响边界与煤层距离的关系，如图 3-15 所示。

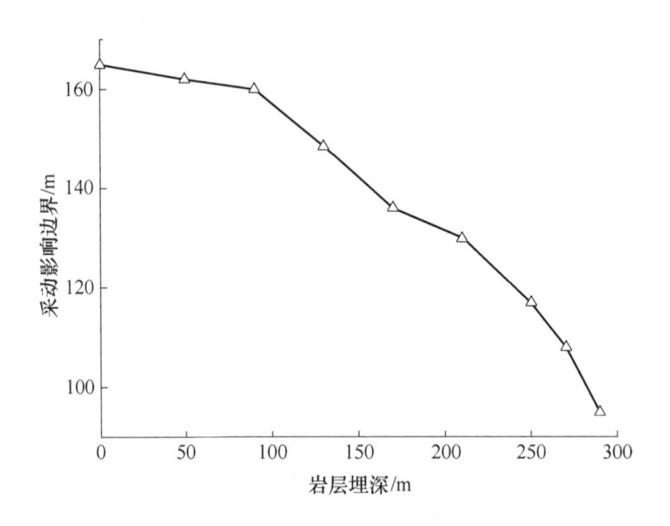

图 3-15 岩层的采动影响边界值

从图 3-15 可以看出，在煤层上方 10m 位置的岩层采动影响边界为 95.0m，说明煤层在上部载荷的作用下发生压缩变形，造成距离煤层较近的岩层采动影响边界值较大。随着岩层与煤层距离的增加，岩层的采动影响边界逐渐增大，在地表处达到最大值，其值为 165.3m。并且岩层采动影响边界与煤层距离的变化并非是线性关系，随着岩层与煤层距离的增加，采动影响边界增加的速度逐渐减小。

对比图 3-13 和图 3-15 中不同埋深岩层采动影响范围的变化规律，发现无论是图 3-13 中采动影响跨距还是图 3-15 中采动影响边界值，两者均随岩层埋深的减小而增大，但是增加的幅度有所减小。综上所述，工作面开采以后，随着岩层埋深的减小，采空区正上方采动岩层最大挠度值越来越小，而煤壁前方的挠度值越来越大，并且采动岩层的采动影响范围越来越大。另外，随着埋深水平的减小，岩层采动影响范围和煤壁前方同一竖向位置的挠度值越来越大。

3.5.2 覆岩移动变形的机理

煤层开采引起的上覆岩层移动变形是一种岩体的力学现象，由于岩体本身赋存以及开采边界条件的复杂性，很难建立一个完整的数学模型及其参数用以表达煤层开采造成的覆岩破坏及移动变形。因此本章在对覆岩移动及受力状态简化的基础上，建立弹性板力学模型，并且计算得到不同埋深水平岩层的挠度曲线变化规律。

通过对覆岩应力场的分布规律，尤其是不同埋深水平的支承压力分布规律进行研究，得到了不同埋深水平在充分采动的情况下支承压力分布的表达式，通过代入基于弹性板理论的力学模型，得到不同埋深水平的岩层下沉挠度变化规律。

图 3-12 数值模型和力学模型中覆岩煤壁前方 20m 处的挠度变化规律，以及图 3-13 与图 3-15 关于岩层开采影响范围的变化规律，均证明了力学模型得到的不同埋深水平的下沉变形规律和数值模拟得到的规律相同，同时也证明了力学模型的正确性。

通过对力学模型及数值模拟中覆岩位移场的分析，得到覆岩移动变形的机理：

(1) 采空区空间的形成会引起下位岩层弯曲变形，其上部岩层失去支撑以后，将自身重量以及上覆岩层载荷转移到煤柱上方，形成大于原岩应力的增量应力（可称为支承压力），作用于下部煤岩体产生压缩变形。煤柱上方覆岩自煤层至地表的逐层压缩变形累积，使得煤柱上方岩层的下沉值越来越大，位移传递到地表处时，下沉值达到最大。

(2) 覆岩破坏范围的扩展，引起岩层受压缩变形范围的增加，从而在地表形成远大于采空区面积的移动盆地。

(3) 采空区上方破断岩层后期虽经上部压力的重新压实，但是由于采动裂隙的存在，自采空区向上，岩层的下沉系数是逐渐减小的，由于采动影响程度的减弱，下沉系数减小的速度越来越慢。

根据采空区上方及煤柱上方岩层的移动变形规律以及地表移动变形曲线的分布特征[199,200]，将煤层上方采动覆岩的移动变形特点绘制成图 3-16。

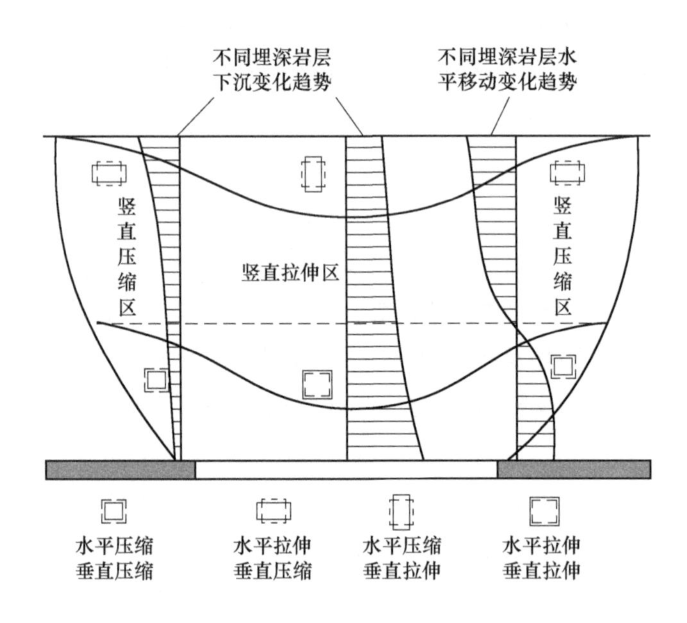

图 3-16 煤层上方覆岩移动变形特点示意图

根据不同埋深水平岩层的水平移动变形性质，将覆岩岩层分为上部岩层和下部岩层两个部分，如图 3-16 所示。假定不同岩层的下沉曲线以煤壁投影线为拐点，在覆岩的竖直方向上，由于采动效应使得岩层受到支承压力的附加载荷作用，各个岩层附加压缩的逐渐累积，又使得拐点外侧岩层的下沉值随着岩层与煤层距离的增加表现出逐渐增加趋势；而拐点内侧采空区上方岩层的下沉值则表现出相反的变化规律。在覆岩的水平方向上，由于受到压缩变形，距离煤层较近的岩层在煤壁前方水平移动指向煤壁方向，在两侧拐点内区域地表及上部岩层水平方向上产生压缩变形；拐点以外的地表及上部岩层水平方向上产生拉伸变形，并且最大水平移动的位置位于拐点处。对于下部岩层来说，在拐点外侧处于水平和垂直方向压缩状态，在拐点内由于破断岩体的碎胀效应，水平方向上受到拉伸变形。

3.6 本章小结

利用弹性地基板理论，在分析工作面煤壁前和采空区上部基本顶支承压力分布规律的基础上，建立了基于单三角级数形式的基本顶挠曲微分方程。根据工程实例验证了该力学模型的正确性，着重分析了基本顶移动变形及受力情况。然后根据不同岩层的支承压力和下部地基情况，对覆岩不同岩层的挠度曲线进行了计算，对比分析了力学计算和数值模型结果，对覆岩移动变形机理进行揭示，得到以下结论：

（1）分析了弹性薄板理论在煤矿采动覆岩研究中的适用性，然后根据采动岩层不同性质地基的情况建立了采动岩层的弹性板力学模型，给出了边界条件、未知参数的求解方法。

（2）针对裴沟矿地质和开采条件，以基本顶岩层为研究对象，利用岩层挠曲微分方程求解得到采空区应力恢复距离为 113.5m，即 0.38 倍的采深，符合国内外现场实测的一般规律，即采空区应力恢复距离为 0.3~0.4 倍的采深；煤壁位置基本顶下部地基压缩量为 1.2m，煤壁前方基本顶部分区域出现上升现象，且基本顶岩层在煤壁前方 17.67m 处极易发生断裂，断裂后基本顶会出现“反弹”现象。上述分析结果与现场实际情况相符，证明了本章覆岩移动变形力学模型的正确性。本章通过理论分析深化了对采场基本顶移动变形的认识，真实地反映了采空区上部顶板的弯曲变形及断裂特征的本质，通过实例验证其正确性，为覆岩移动变形提供了一种计算方法。

（3）根据覆岩移动变形的特点，提出了覆岩采动影响跨距的概念，即岩层下沉曲线边界点 A（A 点的下沉值为 10mm），它和采空区上方岩层下沉曲线“平底”边界点 B（采空区应力恢复边界处）的平距 L_{A-B}称为采动影响跨距。实例中基本顶的采动影响跨距为 132.8m，在不考虑支承压力的情况下其值为 110.3m，二者相差 22.5m，说明了支承压力考虑与否对覆岩移动变形的计算结果影响较大。

（4）本书将力学模型的输入参数归纳为两类：一类是地质赋存条件参数，

另一类是采矿开采条件参数。其中地质参数包括岩体抗弯刚度 D、均布载荷 σ_0 以及煤岩体弹性地基系数 k_L。另一类为开采参数，包括由于开采活动不断进行从而导致的支承压力参数（支承压力峰值 σ_v、峰值位置 x_b）、煤层开采高度 M 有关的采空区弹性地基系数 k_R。在上述工程实例的基础上，将 6 个力学模型输入参数分别代入力学模型，用以分析影响力学模型的地质和开采参数敏感性，发现对岩层采动影响跨距产生影响的参数主要为岩层的抗弯刚度 D，随着岩层抗弯刚度 D 的增大，岩层采动影响跨距逐渐增大，两者成正比关系；当煤壁前方地基系数 k_L 减小时，岩层采动影响的范围将增大。支承压力峰值大小只对煤壁处地基压缩量有明显的影响，而岩层采动边界随着支承压力峰值的变化而发生同步变化；煤层开采高度越大，采空区弹性地基系数 k_R 越小，岩层煤壁前方弯矩也随之增大，开采影响跨距越大。

（5）在岩层力学模型的基础上，得到不同埋深岩层走向断面的挠度曲线，然后对比力学模型和数值模型中煤壁前方、采空区上方下沉规律以及采动影响的扩展规律，得到了覆岩移动变形机理，总结了覆岩空间上的移动变形变化规律。

4　覆岩移动变形预计模型

通过大量的现场实测得到的岩层和地表移动变形规律，是现场所得数据的数学描述，其中广泛应用的方法主要是概率积分法。随机介质理论是该方法的理论基础，该理论认为大量颗粒介质的运动是一个随机过程，根据概率积分的数学推导，得到下沉盆地的数学表达。该方法依据现场实测资料，能够较准确地计算岩层及地表的移动[189]，因而在实际生产中被广泛使用。但是众所周知，煤层上覆岩层在成岩历史过程中经沉积压实形成层状结构。无论是开采前的原始岩体结构，还是采动后裂隙带和弯曲下沉带的层状结构，岩体与概率积分法的随机介质存在着明显的差异，因此在一定的条件下存在部分误差[201~203]。认识到上述问题，笔者认为概率积分法在覆岩移动变形计算中存在的问题主要受下列因素影响：一方面，随着近几十年开采沉陷研究工作的不断深入，地表移动观测工作大量开展，极大地丰富了概率积分法关于地表移动变形预计的研究，然而覆岩移动变形的现场观测较难实施，现场实测数据较小，使得预计工作中预计参数难以确定。另外一方面，概率积分法预计中没有考虑到覆岩岩层岩性以及岩层结构对预计参数产生的影响。因此本章在前述力学模型分析结果的基础上，对概率积分法参数的变化规律进行分析，进而结合数值模型的移动变形数据，确定概率积分法参数在覆岩的变化规律。

4.1　概率积分法预计原理

概率积分法，又称随机介质理论法，最早由波兰学者李特威尼申于 20 世纪 50 年代引入岩层及地表移动的研究中[115]。我国学者刘宝琛、廖国华[116]将概率积分法全面引入我国，至今此法已成为预计开采沉陷的主要方法。该理论假设矿山岩体中分布着许多原生的节理、裂隙和断裂等弱面，可将采空区上覆岩体看成一种松散的介质。将整个开采区域分解为无穷多个无限小单元，把微单元开采引起的地表移动看作是随机事件，用概率积分来表示微小单元开采引起地表移动变形的概率预计公式，计算得到单元下沉盆地下沉曲线为正态分布的概率密度曲线，从而叠加计算出整个开采空间引起的地表移动变形，如图4-1所示。

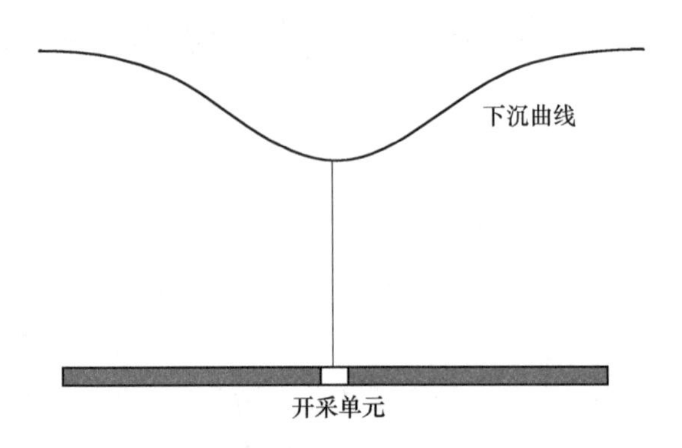

图 4-1 开采单元引起的地表下沉示意图

4.2 覆岩移动变形的概率积分法预计方法

地表移动变形是岩层移动变形传播到地表的外在表现，地表的移动变形规律反映了覆岩移动变形的特点。可以将广泛用于地表移动变形的概率积分法应用到覆岩移动变形预计中[204]。对于概率积分法预计公式来说，覆岩预计中有所变化的预计参数为主要影响半径 r（或主要影响角正切值 $\tan\beta$），因此须根据覆岩计算的特点对上述预计参数进行定义。

4.2.1 岩体内部的主要影响半径 $r(z)$

岩体内部主要影响半径 $r(z)$ 与地表主要影响半径 R 之间的关系可用下式表示：

$$r(z) = \frac{(H - z)^n}{H^n}R \tag{4-1}$$

式中 H——采深；

z——岩体内各点的埋深；

n——主要影响半径指数，该参数与岩体力学性质有关。

当取 $n=1$ 时，不同水平岩层的主要影响半径 $r(z)$ 与地表主要影响半径 R 成线性关系，岩体内主要影响半径和下沉曲线的变化规律如图 4-2 所示。

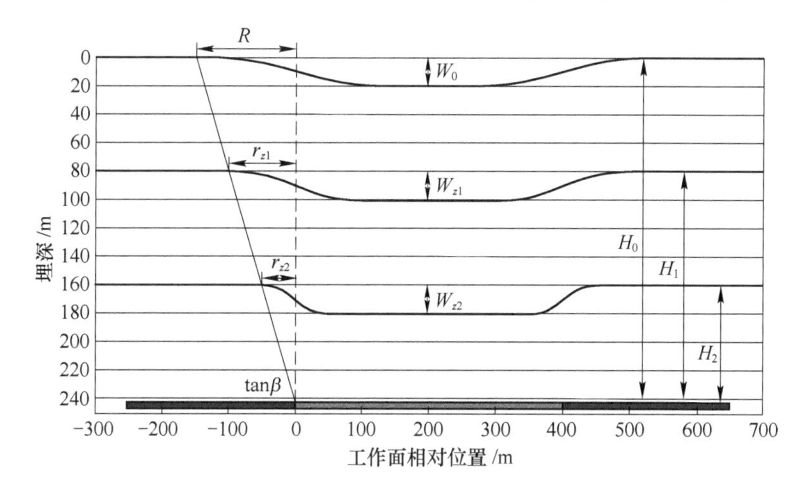

图 4-2 覆岩内主要影响半径及下沉曲线的变化规律

4.2.2 岩体内部的位移场

岩体内部的位移场包括其垂直位移 $W(x, y, z)$，以及相互垂直方向上的两个水平位移 $U(x, y, z)$ 和 $V(x, y, z)$。

垂直位移 $W(x, y, z)$ 岩体内部是否属于充分采动，不能一概而论。若在 $Z>Z_0$ 的岩体内，主要影响半径 $r(z)$ 和采出的有效宽度 L 的关系满足 $L>2r(z)$，则认为这部分岩体属于充分采动。而在 $r(z)$ 上部的那部分岩体和地表就为非充分采动，即岩体内部的充分采动范围由下向上发展，最后直至地表。

对于充分采动，平面问题的半无限开采条件下的岩体内部下沉由下式表示：

$$W(x, z) = \frac{W_{\max}}{2}\left[1 + erf\left(\frac{\sqrt{\pi}}{r(z)}x\right)\right] \tag{4-2}$$

式中，$W_{\max}$为充分开采条件下，地表垂直方向上最大下沉位移值。

对式（4-1）中 n 取 1，即不同水平岩层的主要影响半径 $r(z)$ 与地表主要影响半径 R 成线性关系，求取半无限开采条件下岩体内部的下沉曲线，由于充分采动条件下覆岩岩层最大下沉值的变化关系不明确，所以假定覆岩岩层的最大下沉值相等，具体见图 4-3。

对于非充分采动，应用叠加原理可得出平面问题的有限开采条件下的下沉表达式：

$$W^0(x, z) = \frac{W_{max}}{2}\left[\left(1 + erf\sqrt{\pi}\frac{x}{r(z)}\right) - \left(1 + erf\sqrt{\pi}\frac{x - l}{r(z)}\right)\right] \tag{4-3}$$

对三维问题，若在两个相互垂直的剖面上均属于有限开采，则岩体内部任意点（x, y, z）的下沉为

$$W^0(x, y, z) = \frac{1}{W_{max}}W^0(x, z)W^0(y, z) \tag{4-4}$$

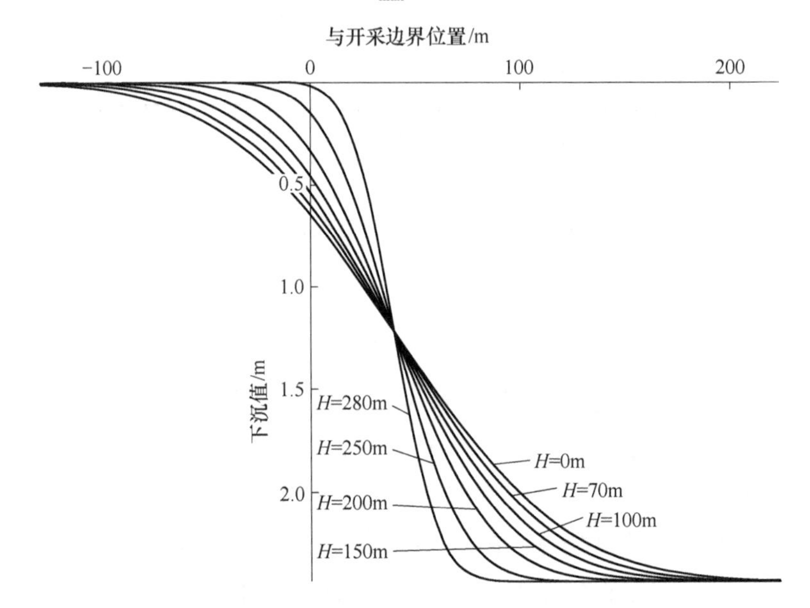

图 4-3 不同深度水平下覆岩岩层的下沉曲线

由图 4-3 可以看出，在不考虑岩层最大下沉值差异的情况下，随着与煤层距离的减小，岩层下沉盆地的边缘跨度逐渐减小。然而下沉盆地的边缘部分往往是采动较为剧烈的区域，因此可以判断距离煤层较近的岩层受到的采动影响剧烈区域较小，在地表处采动影响较剧烈的区域范围最大。

4.2.2.1 水平位移 $U(x, y, z)$ 和 $V(x, y, z)$

在岩体内部某一个水平面上，具有最大水平移动的点位于通过开采边界的垂直剖面上。水平 Z 上的最大水平位移值 $U(x_k, z)_{max}$ 与地表上最大水平位移值 $U(x_k, 0)_{max}$ 具有以下关系：

$$\frac{U(x_k, z)_{max}}{U(x_k, 0)_{max}} = \frac{b(z)W_{max}}{bW_{max}} = \frac{b(z)}{b} = \left(\frac{H - Z}{H}\right)^{n-1} \tag{4-5}$$

式中，$b(z)$ 为水平 Z 上的水平移动系数。

对于充分采动：

$$U(x,\ z) = b(z)W_{\max}\exp\left(-\pi\frac{x^2}{r^2(z)}\right) \tag{4-6}$$

对于非充分采动：

$$U^0(x,\ z) = U(z)_{\max}\left[\exp\left(-\pi\frac{x^2}{r^2(z)}\right) - \exp\left(-\pi\frac{(x-l)^2}{r^2(z)}\right)\right] \tag{4-7}$$

式（4-7）中 $U_{\max}$为充分开采条件下，地表垂直方向上最大水平移动值。对式（4-1）中 n 取 1，即不同水平岩层的主要影响半径 $r(z)$ 与地表主要影响半径 R 成线性关系，求取半无限开采条件下岩体内部的水平移动值，见图 4-4。

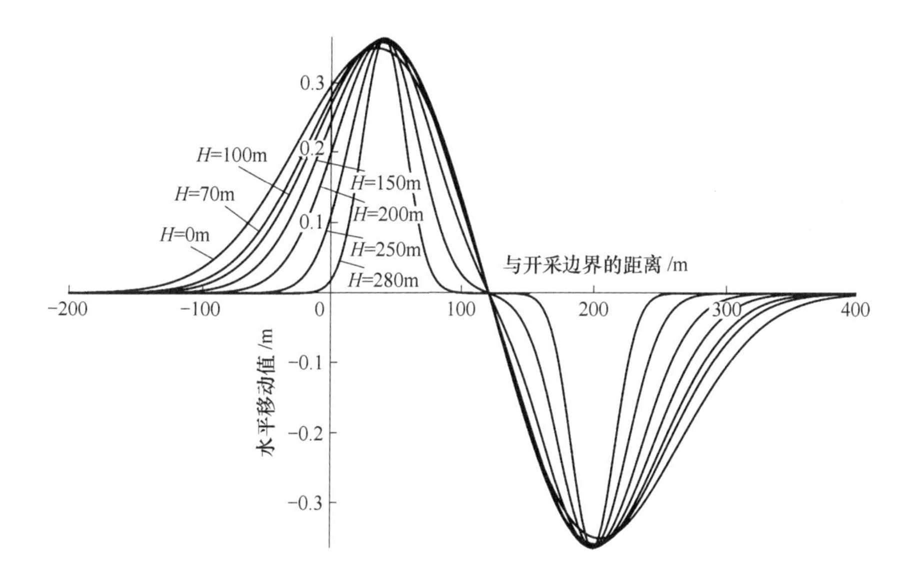

图 4-4 不同深度水平下覆岩岩层的水平移动曲线

由图 4-4 可以看出，不考虑不同埋深岩层水平移动系数差异的情况下，随着岩层与煤层距离的增加，水平移动曲线的分布范围越来越小，但是水平移动曲线的增长和衰减速率较大，会造成水平变形值较大。因此可以说距离煤层较近岩层在水平方向上的影响范围较小，但是其受到的影响更为剧烈。

在双向非充分采动时，岩层的水平移动表达式为

$$U^0(x, y, z) = U(z)_{\max}\left[\exp\left(-\pi\frac{x^2}{r^2(z)}\right) - \exp\left(-\pi\frac{(x-l)^2}{r^2(z)}\right)\right]\frac{W^0(y, z)}{W_{\max}} \tag{4-8}$$

4.2.2.2 岩体垂直方向上的应变

在平面半无限开采的条件下：

$$\begin{aligned}
\varepsilon_z(x, z) &= -\varepsilon_x(x, z) = -\frac{\partial U(x, z)}{\partial x} \\
&= -\frac{\partial}{\partial x}\left[b(z)W_{\max}\exp\left(-\pi\frac{x^2}{r^2(z)}\right)\right] \\
&= \frac{2\pi b(z)W_{\max}x}{r^2(z)}\exp\left(-\pi\frac{x^2}{r^2(z)}\right) \\
&= \pm 4.13\varepsilon_z(x_k, z)_{\max}\frac{x}{r(z)}\exp\left(-\pi\frac{x^2}{r^2(z)}\right)
\end{aligned} \tag{4-9}$$

在平面有限开采条件下：

$$\begin{aligned}
\varepsilon_z^0(x, z) &= -\varepsilon_x^0(x, z) = -\frac{\partial U^0(x, z)}{\partial x} \\
&= -\frac{\partial}{\partial x}\left\{b(z)W_{\max}\left[\exp\left(-\pi\frac{x^2}{r^2(z)}\right) - \exp\left(-\pi\frac{(x-l)^2}{r^2(z)}\right)\right]\right\} \\
&= \frac{2\pi b(z)W_{\max}}{r^2(z)}\left[x\exp\left(-\pi\frac{x^2}{r^2(z)}\right) - (x-l)\exp\left(-\pi\frac{(x-l)^2}{r^2(z)}\right)\right]
\end{aligned} \tag{4-10}$$

在两个相互垂直的剖面上都属于有限开采时：

$$\begin{aligned}
\varepsilon_z^0(x, y, z) &= -\frac{\partial W^0(x, y, z)}{\partial x} = -\frac{\partial}{\partial z}\left[\frac{1}{W_{\max}}W^0(x, z)W^0(y, z)\right] \\
&= \frac{1}{W_{\max}}\left[W^0(y, z)\frac{\partial W^0(x, z)}{\partial z} + W^0(x, z)\frac{\partial W^0(y, z)}{\partial z}\right] \\
&= \frac{1}{W_{\max}}[\varepsilon_z^0(x, z)W^0(y, z) + \varepsilon_z^0(y, z)W^0(x, z)]
\end{aligned} \tag{4-11}$$

4.2.2.3 岩体内部水平方向应变计算

对于不同水平 Z 的水平方向应变 $\varepsilon_x^0(x, y, z)$ 可以类似地求取。在双向有限开采情况下，$\varepsilon_x^0(x, y, z)$ 为

$$
\begin{aligned}
\varepsilon_x^0(x, y, z) &= -\frac{\partial U^0(x, y, z)}{\partial x} \\
&= \frac{\partial}{\partial x}\left\{U_{\max}\left[\exp\left(-\pi\frac{x^2}{r^2(z)}\right) - \exp\left(-\pi\frac{(x-l)^2}{r^2(z)}\right)\right]\frac{W_z^0(y, z)}{W_{\max}}\right\} \\
&= \frac{2\pi b(z) W_{\max}}{r^2(z)}\left[-x\exp\left(-\pi\frac{x^2}{r^2(z)}\right) - (x-l)\exp\left(-\pi\frac{x^2}{r^2(z)}\right)\right] \\
&\quad \frac{W_z^0(y, z)}{W_{\max}}
\end{aligned}
\tag{4-12}
$$

由于

$$
\begin{aligned}
\varepsilon_x(x, z) &= -\frac{\partial U^0(x, z)}{\partial x} = \frac{\partial}{\partial x}\left[b(z) W_{\max}\exp\left(-\pi\frac{x^2}{r^2(z)}\right)\right] \\
&= \frac{2\pi b(z) W_{\max}}{r^2(z)} x\exp\left(-\pi\frac{x^2}{r^2(z)}\right)
\end{aligned}
\tag{4-13}
$$

$$
\begin{aligned}
\varepsilon_x[(x-l), z] &= -\frac{\partial U^0[(x-l), z]}{\partial x} = \frac{\partial}{\partial x}\left[b(z) W_{\max}\exp\left(-\pi\frac{(x-l)^2}{r^2(z)}\right)\right] \\
&= \frac{2\pi b(z) W_{\max}}{r^2(z)}(x-l)\exp\left(-\pi\frac{(x-l)^2}{r^2(z)}\right)
\end{aligned}
\tag{4-14}
$$

从而得出

$$
\varepsilon_x^0(x, y, z) = \frac{1}{W_{\max}}\{\varepsilon_x(x, z) - \varepsilon_x[\varepsilon_x(x-l), z]\} W^0(y, z) \tag{4-15}
$$

同理可得出

$$
\varepsilon_y^0(x, y, z) = \frac{1}{W_{\max}}\{\varepsilon_y(y, z) - \varepsilon_y[\varepsilon_x(y-l), z]\} W^0(x, z) \tag{4-16}
$$

由图4-2和图4-3可以看出，在预计覆岩移动变形的应用中，经典的概率积分法对于覆岩不同埋深水平的最大下沉值和最大水平移动值均取地表下沉盆地的参数，因此导致不同深度水平的最大下沉值和水平移动值相同[10]。这与现场实际情况有所矛盾，由于采空区破裂岩体的碎胀效应，自煤层直接顶以上岩层的最大下沉值逐渐减小，当达到地表时剖面上最大下沉值为定值。同理地表水平移动值和其他移动变形参数也有同样的规律，因此有必要对不同深度水平的最大下沉值及最大水平移动值进行分析。

4.3 覆岩移动变形的概率积分法的不足

前述对覆岩移动变形的计算方法（概率积分法）的原理及计算公式进行了介绍。该方法自 20 世纪 60 年代[116]引入国内以来，被广泛应用于地表及覆岩的移动变形计算的理论研究及工程实践中。尤其在井筒与工业广场煤柱的开采中应用较多，如淮南大通煤矿、淮南九龙岗煤矿以及牛马司煤矿等[36,129]矿井的井筒与工业广场煤柱的开采[10]。另外在采动覆岩构筑物保护煤柱的留设及保护的研究中也被成功应用[205,206]，随着煤与瓦斯共采以及保水开采的科学开采理念的应用，计算被保护层及含水层的移动变形也将成为评价瓦斯释放和含水层保护的一种手段[120]。随着概率积分法在覆岩移动变形的实践中应用增多，发现现场结果与理论的计算结果有所差异。

文献［139，140］根据 3 号煤层巷道受下部煤层采动影响的观测数据，发现覆岩移动变形和地表移动变形的规律差异较大，具体表现如下：

（1）岩层移动盆地的边界角小于地表移动盆地的边界角。岩层移动的影响范围要大于地表移动盆地的边界角划定的范围，实测分析得到的岩层主要影响角正切值为 1.1，远小于地表的主要影响角正切值 2.29。

（2）下沉曲线的拐点偏移距取值不相同。地表下沉盆地的实测资料得到拐点偏移距为 0.07H，但是开采煤层顶板巷道实测得到的下沉曲线拐点偏移距为 20m，即等于 0.38H。

将开采煤层上部的 3 号煤层巷道实测下沉曲线和根据地表观测资料作出的预计下沉曲线进行比较，如图 4-5 所示。可以看出岩层移动下沉曲线的影响范围要

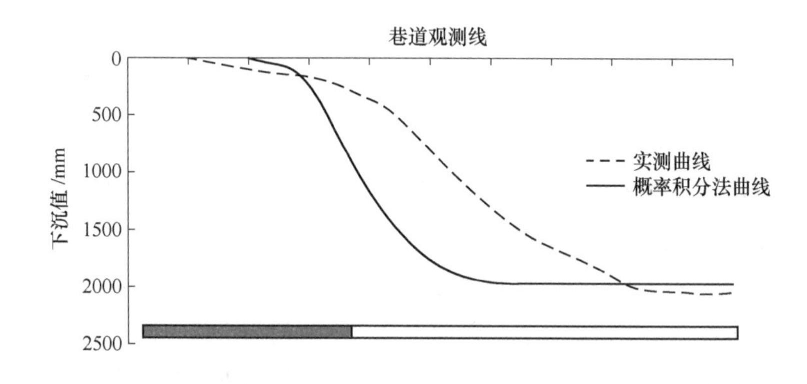

图 4-5 概率积分法预计下沉曲线与实测下沉曲线示意图

大于概率积分法预计曲线，且实测下沉曲线在煤壁处更加平缓，确定得到的拐点偏移距较大。所以根据地表移动观测值得到的概率积分法参数预计岩层内部移动变形会出现一些不足。

文献［184，205］考虑到现场某矿利用地表移动盆地边界角留设顶板巷道保护煤柱，致使留设煤柱过小，引起顶板巷道在下部31010工作面开采过程中严重变形。利用数值模拟进行反演分析，发现该乘人巷道位置位于采动应力边界内侧是引起巷道在采动影响下变形的主要原因。同时得到采动应力边界线在上覆岩层的变化规律：采动应力边界线随着与煤层距离的增加向外扩展，应力影响范围逐渐增大，但增加的趋势逐渐减小。上述结论通过数值模拟手段得到了进一步的验证。

从上述的案例可以看出，在采用传统的概率积分法预计覆岩移动变形过程中，采动影响边界及岩层下沉曲线的计算有所差异，因此须根据采动覆岩岩层的岩性及结构变化，研究岩层移动变形预计中概率积分法参数在覆岩的变化规律。

4.4 覆岩概率积分法预计参数变化规律

根据上述现场案例以及学者的研究成果，本书认为概率积分法预计覆岩的移动变形存在一定误差，理论与实际之间的差别可能是覆岩并非理论假设的“随机介质”造成的，说明人们对概率积分法预计参数取值存在着不同的认识。因此有必要研究概率积分法参数在覆岩的变化规律，提高概率积分法预计的准确性。

4.4.1 基于数值模拟结果的岩层概率积分法参数

由于在现场进行覆岩移动变形的观测较困难，而且费用较高，所以本章以2.3节中的数值模型为基础，提取与覆岩不同埋深水平岩层的沉降数据，通过对走向断面上监测点的下沉值进行概率积分法参数拟合，得到采动岩层的概率积分法参数。概率积分法拟合图如图4-6所示，不同岩层概率积分法参数见表4-1。

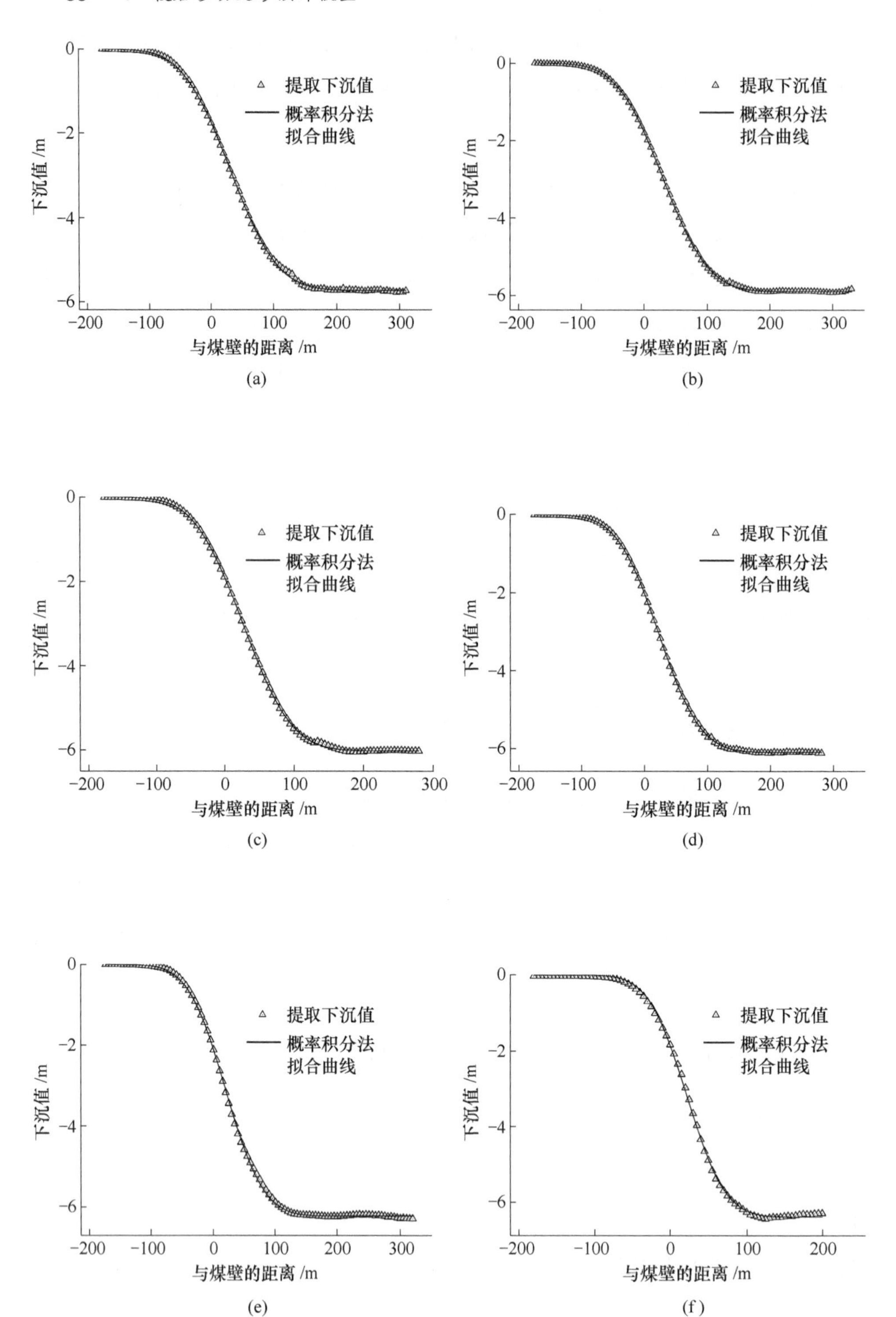

0
-2
-4
-6
下沉值 /m
-200
-100
0
100
200
300
与煤壁的距离 /m
提取下沉值
概率积分法
拟合曲线
(a)
(b)
(c)
(d)
(e)
(f)

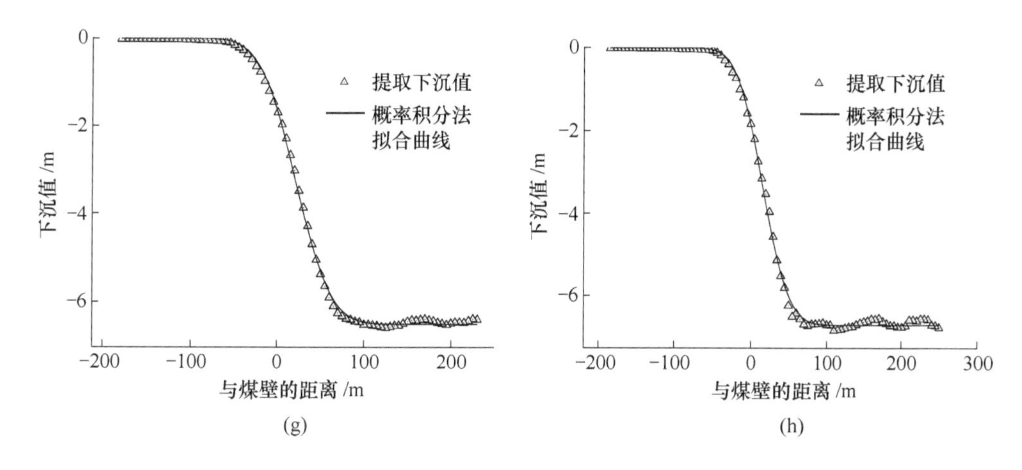

图 4-6 岩层的概率积分法拟合曲线

(a) 300m；(b) 250m；(c) 210m；(d) 170m；(e) 130m；(f) 90m；(g) 50m；(h) 30m

表 4-1 不同岩层概率积分法参数

与煤层的距离/m	概率积分法参数		
	最大下沉值/m	主要影响半径/m	拐点偏移距/m
300	5.73	150.08	38.50
250	2.91	142.53	35.66
210	6.04	139.08	34.84
170	6.11	130.20	33.23
130	6.23	121.68	29.85
90	6.34	105.73	25.92
50	6.50	80.94	20.96
30	6.72	60.11	15.94
10	7.02	40.14	12.55

图 4-6 是在开采距离为 440m 条件下，岩层与煤层距离分别为 300m、250m、210m、170m、130m、90m、50m、30m 和 10m 时，岩层下沉数据的概率积分法拟合图。从图 4-6 中可以看出，本次概率积分函数拟合曲线的效果较好，相关性系

数均大于0.99，说明概率积分法参数求取准确。上述拟合结果得到的概率积分法参数数据，将作为分析研究概率积分法参数在覆岩中变化规律的基础数据。

4.4.2 采动覆岩岩层的下沉系数 $q(z)$

采矿活动引起的顶板失稳变形，必然在层状结构的覆岩产生竖向变形。由于受到覆岩岩层结构、岩性以及开采高度等因素的影响，覆岩的竖向变形规律变得更加复杂。按照式（4-1）中主要影响半径与埋深关系的表达式[207]，得到了覆岩岩层的下沉系数和与煤层垂距之间的关系式：

$$q(z) = 1 - \left(\frac{H_0 - z}{H_0}\right)^n (1 - q_0) \tag{4-17}$$

式中 n——下沉系数影响系数，主要与覆岩岩性有关。

z——岩层埋深，m；

H_0——煤层埋深，m，

q_0——地表处下沉系数。

覆岩下沉系数 $q(z)$ 主要与岩石受采动影响发生碎胀、离层及裂隙的特性有关。研究认为越远离煤层的岩层下沉系数越小，当达到地表时下沉系数达到最小值，一般为0.6左右。图4-7为本书对学者Luo和Peng统计的22个覆岩移动变形数据，通过式（4-17）对下沉系数数据进行拟合得到的。通过计算得到公式的参数为 $n=0.47$，$q_0=0.57$。从图4-7中可以看出，岩层的下沉系数变化规律主要和岩层与煤层的距离有关，下沉系数随着岩层与煤层距离的增加而越来越小，呈幂函数关系。并且岩层的下沉系数减小的幅度随岩层与煤层距离的增加而减小。分析认为这种规律是由采空区顶板岩层的变形破坏产生一定的碎胀作用以及层间离层的作用引起的。在采空区上部采动覆岩可以分为冒落带、断裂带和弯曲下沉带，其中冒落带是因断裂、破碎的岩块无规则的堆积而成，其碎胀系数较大，使得冒落带内下沉系数减小的较快。而位于断裂带岩层虽然产生变形破坏，形成离层和断裂，但仍能够保持层状结构，碎胀性较冒落带而言有所减小，主要以层间离层为主。然而弯曲下沉带的岩体能够保持其整体性和层状结构，不存在或极少存在离层裂隙，所以在竖直方向上下沉值相差很小，下沉系数减小的幅度最小。

根据不同地区开采沉陷引起的地表下沉系数 q_0，利用式（4-17）求取该矿井覆岩不同水平岩层的下沉系数。

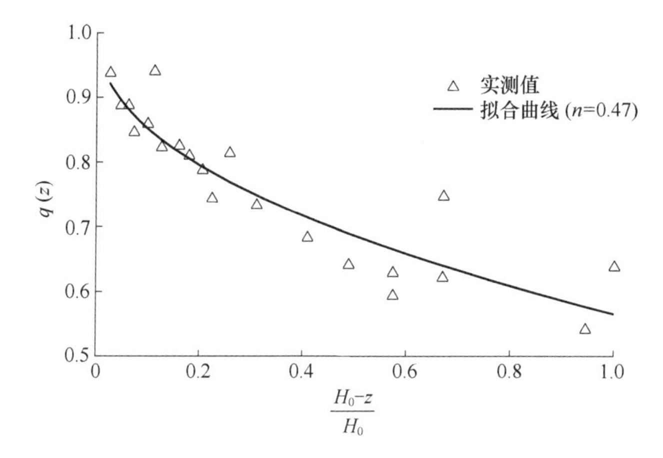

图 4-7 不同埋深岩层的下沉系数

通过对 Luo 和 Peng 统计的 22 个覆岩岩层移动变形数据[208]进行拟合，证明式（4-17）对于覆岩不同水平的沉降计算的适用性。于是将表 4-1 中的不同岩层的下沉数据换算成下沉系数，利用式（4-17）进行曲线拟合，得到裴沟矿岩层下沉系数影响参数 $n=0.344$，$q=0.77$，拟合曲线如图 4-8 所示。

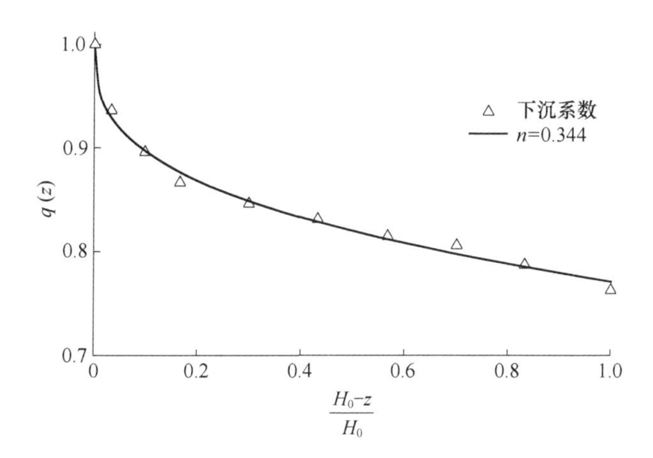

图 4-8 裴沟矿不同岩层下沉系数拟合曲线

从图 4-8 中可以看出，本次曲线拟合的精度较大，相关性系数为 0.99，说明数值模拟结果与覆岩下沉系数的变化规律相吻合，数值模拟得到的不同岩层的下沉值符合覆岩下沉值变化规律。

4.4.3 采动覆岩岩层的主要影响半径 $r(z)$

另外一个重要的预计参数为主要影响半径 $r(z)$，研究表明式中 n 为岩体力学性质的有关参数，国内外众多学者对开采影响半径指数 n 进行了研究，对于 n 的取值有不同的见解，取值范围在 0.15～1[136,137]，见表 4-2。本书将开采影响半径指数 n 取不同值时，覆岩主要影响半径 $r(z)$ 形态绘于图 4-9。

表 4-2 参数 n 的取值汇总

研究者	发表年份	n 的取值
Budryk	1953 年	$n=\sqrt{2\pi}\tan\beta$
Mohr	1958 年	$n=0.65$
Krzyszton	1965 年	$n=1$
Sroka	1974 年	$n=0.5$
Gromysz	1977 年	$n=0.61$
Kowalski	1984 年	$0.48 \leqslant n \leqslant 0.66$
Drzela	1989 年	$0.45 \leqslant n \leqslant 0.7$
Preusse	1990 年	$n=0.54$

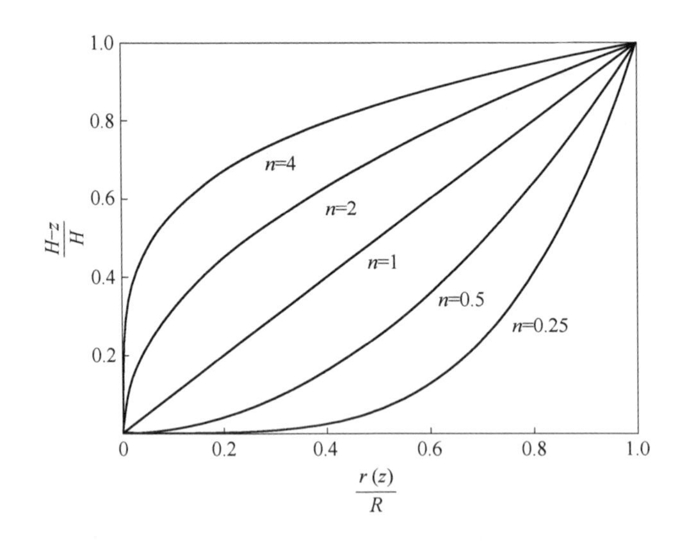

图 4-9 覆岩主要影响半径随深度的变化

注：H 为煤层埋深，m；z 为岩层与煤层的距离，m；$r(z)$ 和 R 分别为岩层和地表的主要影响半径，m。

由图4-9可以看出：

当$n=1$时，覆岩主要影响半径$r(z)$随与煤层距离的增加而减小，呈线性增加的趋势；

当$n>1$时，覆岩移动边界形态呈现出“下凹”形状，说明随着与煤层距离的增加，覆岩主要影响半径$r(z)$增加的速度呈现逐渐减小的趋势；

当$n<1$时，覆岩移动边界形态呈现出“上凸”形状，说明随着与煤层距离的增加，覆岩主要影响半径$r(z)$增加的速度呈现出逐渐增大趋势。目前国内外学者大都采用$n=0.5$进行覆岩移动变形的预计[36,129,209]。

对于覆岩主要影响半径的变化规律，目前学者未达到一致的认识。根据阳泉矿区的岩层内部钻孔及顶板巷的观测数据，分析认为岩体内部下沉盆地边界无论是静态还是动态均非直线，而是下缓上陡的曲线[139,140]。吴侃[203]认为不同物理力学性质的岩土体，在采动影响下表现出不同的采动影响半径。岩层强度较高的情况下，岩层移动盆地的主要影响半径较大，若要达到充分采动，则需要较大的开采空间。对于强度较低的岩层来说，其主要影响半径较小，工作面开采尺寸较小的情况下，岩层就能够达到充分采动。上述主要影响半径的变化规律可以通过岩层移动变形的力学理论进行研究。

综上所述，表4-2和图4-9中对于主要影响半径指数n的取值，均假定覆岩为均一介质。但是由于煤层上覆岩层的岩性和结构存在巨大的差异，主要影响半径指数n可能会随着岩层岩性及结构的变化而发生改变。本节将重点讨论在开采参数确定的情况下，上覆岩层的岩性及结构对主要影响半径指数的影响。

3.4节中在覆岩岩层挠曲微分方程的基础上，研究了地质赋存条件参数变化时岩层挠曲运动及受力变化规律；提出采动影响跨距表示采动岩层的影响范围大小，对应于概率积分法中主要影响半径；通过对岩体抗弯刚度D、均布载荷σ_0以及煤岩体弹性地基系数k_L的分析，认为影响岩层采动影响跨距的主控因素是岩层的抗弯刚度D，因此可以判断采空区上覆岩层的抗弯刚度D的主要影响半径指数n也将产生影响。

若两层硬岩之间存在软弱岩层，则其运动形式由下层硬岩所决定。本书以裴沟矿岩层结构为依据（详见表2-1），选取煤层上方的中粒砂岩、细粒砂岩岩层，计算各岩层的抗弯刚度，以此来分析煤层上方坚硬岩层抗弯刚度分布规律，如图4-10所示。

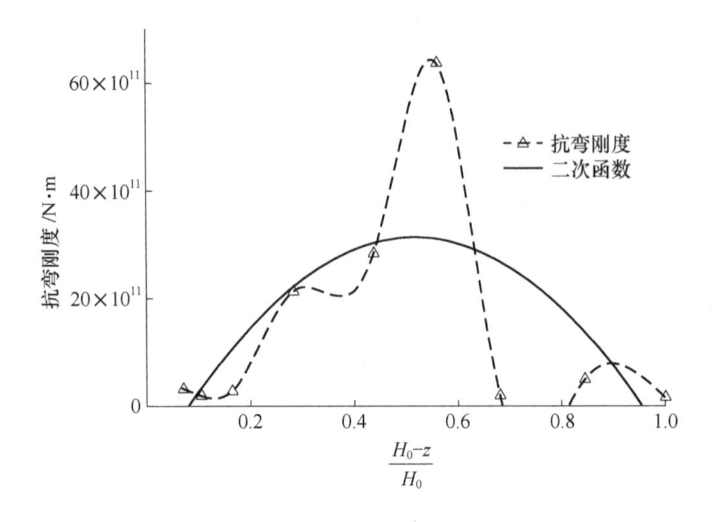

图 4-10 不同水平岩层抗弯刚度

若假定煤层覆岩为"均一介质"，岩层厚度为单位厚度，且岩性相同，则覆岩主要影响半径指数取 $n=0.5$。然而以裴沟矿岩层结构为例，自煤层向上岩层的抗弯刚度表现为先增大后减小的趋势。根据力学模型对抗弯刚度的分析结论，该覆岩结构较"均质岩体"而言，将会对采动岩层的主要影响半径产生一定影响，使得岩层开采影响半径增加的速度先增大后减小，由此可以判断裴沟矿覆岩主要影响半径指数是变量，与岩层的抗弯刚度相关。由图 4-9 可知，主要影响半径指数 n 值越小，当岩层与煤层距离增加时，其主要影响半径增加的速率越大；n 值越大，主要影响半径增加的速率越小。从 n 值的变化来看，由于覆岩岩层抗弯刚度的影响，岩层开采主要影响半径 n 值先减小后增大。

将表 4-1 中岩层主要影响半径数据代入式（4-1），可以得到不同岩层主要影响半径指数 n 值的分布规律，如图 4-11 所示。

由图 4-11 可以看出，随着岩层与煤层距离的增加，岩层开采主要影响半径指数 n 值先减小后增大，符合理论分析结论，因此两者在力学方面存在一定的联系。对图 4-10 中不同岩层抗弯刚度值进行二次曲线拟合，得到岩层抗弯刚度值的分布函数：

$$y\left(\frac{H_0-z}{H_0}\right)=-199.2\left(\frac{H_0-z}{H_0}\right)^2+198.2\left(\frac{H_0-z}{H_0}\right)-16.22 \qquad (4-18)$$

式中，$y\left(\frac{H_0-z}{H_0}\right)$ 为与煤层不同距离岩层的抗弯刚度值，取值为 10^{11}N · m，下同。

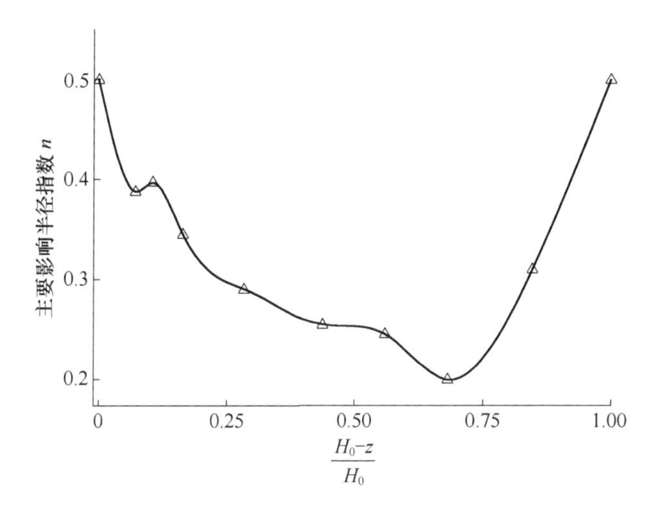

图 4-11 不同岩层主要影响半径指数 n

由于岩层抗弯刚度曲线的斜率与指数 n 值的变化所代表的主要影响半径变化趋势相反，所以对式（4-18）求负值并进行无量纲化，然后求导得到

$$y' = 12.04\left(\frac{H_0 - z}{H_0}\right) - 5.99 \tag{4-19}$$

由图 4-9 及表 4-2 可知，主要影响半径指数一般的取值范围为［0，1］，所以当 n 的初始值为 0.5 时，无论上部岩层的抗弯刚度变化如何，不同岩层指数 n 分布曲线的平均斜率取值范围为［-0.5，0.5］，所以将式（4-19）除以常数项 5.99，得到主要影响半径指数 n 的变化速度函数：

$$n' = 2.01\left(\frac{H_0 - z}{H_0}\right) - 1 \tag{4-20}$$

对上式（4-20）求积分，并确定初始值为 $n(0) = 0.5$，得到主要影响半径指数 n 的分布函数：

$$n = 1.00\left(\frac{H_0 - z}{H_0}\right)^2 - \frac{H_0 - z}{H_0} + 0.5 \tag{4-21}$$

将表 4-1 的岩层参数代入式（4-21），求得不同岩层的主要影响半径指数 n，然后代入式（4-1）得到基于抗弯刚度分布规律的主要影响半径函数：

$$r(z) = R\left(\frac{H_0 - z}{H_0}\right)^{\left[1.00\left(\frac{H_0-z}{H_0}\right)^2-\left(\frac{H_0-z}{H_0}\right)+0.5\right]} \tag{4-22}$$

将表 4-1 中岩层数据代入式（4-22），得到当岩层与煤层距离不同时，岩层的主要影响半径分布曲线，如图 4-12 所示。

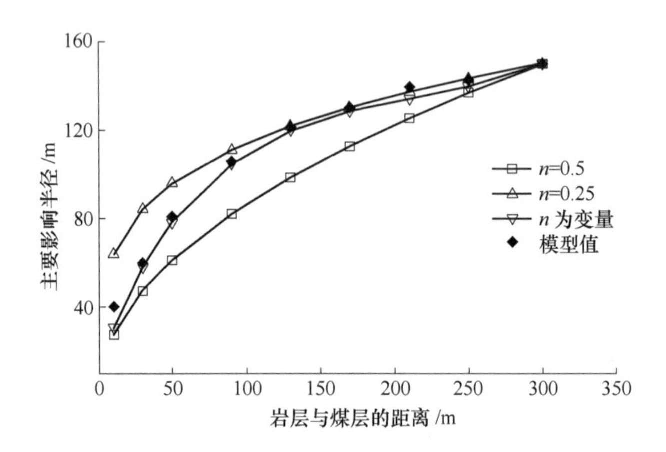

图 4-12 基于抗弯刚度分布规律的岩层主要影响半径变化规律

当主要影响半径指数为定值时，取 n=0. 25 和 n=0. 5，代入式（4-1），计算得到不同埋深水平岩层的主要影响半径分布曲线，如图 4-12 所示。当岩层与煤层距离小于 50m 时，n=0. 5 的主要影响半径曲线与数值模拟结果较接近；大于 50m 以后的各点与 n=0. 25 时的主要影响半径曲线较接近，可以判断当岩层距煤层较近时，岩层的主要影响半径指数与 0. 5 较接近；当岩层与煤层距离增大时，岩层的主要影响半径指数 n 则靠近 0. 25。可以认为主要影响半径指数非定值，当岩层距离煤层较近时，主要影响半径指数较大，主要影响半径随与煤层距离增加的较快，当岩层与煤层距离较远时，主要影响半径指数变小，主要影响半径随岩层与煤层距离增加的较慢。对比 n 为定值（等于 0. 25 和 0. 5）与 n 为变量的主要影响半径曲线，发现相比较 n 为定值（n=0. 25 和 n=0. 5）的曲线，基于岩层抗弯刚度分布规律的主要影响半径指数公式（4-22）计算得到的主要影响半径的拟合程度更好。

4.4.4 采动覆岩岩层的拐点偏移距 $s(z)$

在半无限开采的地表下沉实测曲线上，由于岩层具有一定的结构，并不完全符合概率积分法理论假设中的散体介质，采动岩层在煤壁侧会形成一定的悬臂梁结构。对于这种理论假设和实际岩体结构上的差别，概率积分法引入拐点偏移距这一概念，以消除岩层结构对概率积分法的影响。

本节以数值模型的概率积分法积分参数为依据，得到覆岩不同岩层的拐点偏移距 $s(z)$，如图 4-13 所示。从图 4-13 中可看出，拐点偏移距随着岩层与煤层距离的增大而增大，并且增加的幅度逐渐减小，类似覆岩主要影响半径的变化规律（见图 4-12），所以本节借鉴主要影响半径计算公式的表达形式，引入拐点偏移距影响指数 n_s，意在表示随岩层与煤层距离增加，拐点偏移距增长幅度的变化趋势。覆岩拐点偏移距关于岩层与煤层距离的函数为

$$s(z)=s_0\left(\frac{H_0-z}{H_0}\right)^{n_s} \tag{4-23}$$

式中，s_0 为地表处拐点偏移距，取 38.50m。

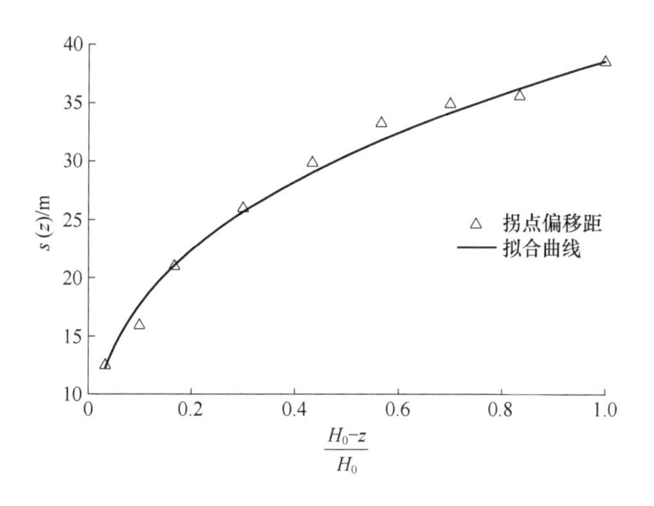

图 4-13 不同水平岩层的拐点偏移距变化规律

利用式（4-23）对表 4-1 中不同岩层的拐点偏移距数据进行曲线拟合，得到该模型的拐点偏移距影响指数 n_s=0.338，曲线拟合结果见图 4-13。

上述内容通过对概率积分法预计参数（下沉系数 $q(z)$、主要影响半径 $r(z)$ 和拐点偏移距 $s(z)$）的变化规律进行研究，确定了覆岩不同岩层的概率积分法参数计算公式。将式（4-17）、式（4-22）和式（4-23）代入概率积分法下沉曲线函数式（4-2），得到半无限开采条件下，不同埋深水平岩层的下沉曲线，如图 4-14 所示。

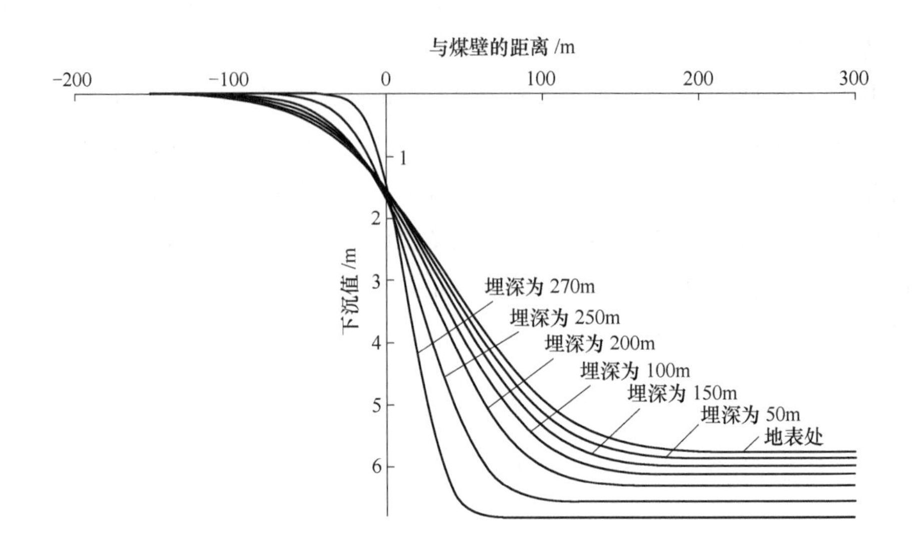

图 4-14 覆岩不同埋深岩层的下沉曲线

4.5 覆岩移动变形预计的应用

根据上述对覆岩概率积分法参数的求取，得到概率积分法参数（比如下沉系数、主要影响半径以及拐点偏移距）在覆岩的变化规律。覆岩移动变形的概率积分法预计参数主要基于地表实测数据，若要对覆岩的具体案例进行预计计算，则必须获取地表概率积分法参数。本节以裴沟煤矿 31071 工作面的地质条件为背景，首先获取该工作面的概率积分法参数，然后利用上述概率积分法参数在覆岩的计算公式，求取裴沟矿 31071 工作面开采后覆岩的移动变形。

4.5.1 裴沟煤矿地表概率积分法参数求取

由于地表移动变形是岩层移动变形的外在表现形式，因此对地表移动变形规律进行研究有助于了解覆岩岩层的移动变形，并且地表移动变形规律可以为覆岩移动变形的计算工作提供基础参数[210]。本节以裴沟矿 31071 工作面地表观测站的数据为基础，利用概率积分法函数拟合，求取该工作面地表的概率积法参数。

4.5.1.1 工作面概况

裴沟煤矿隶属于郑州煤炭工业（集团）有限责任公司（以下简称郑煤集

团)。郑煤集团始建于1958年，其前身是郑州矿务局，是河南省大型国有重点骨干企业，全国规划的14个亿吨级大型煤炭基地河南基地的重要组成部分。裴沟煤矿31071工作面为31采区首个工作面，工作面开采平均厚度为7.5m，工作面倾向长度为130m，走向长度1100m，工作面采深平均值为300m。工作面采用走向长壁后退式、综采放顶煤采煤方法。

4.5.1.2 地表移动观测站概况

裴沟矿31采区上方地表有魔洞王水库，为了掌握该地区地表移动变形规律，获取该地区岩移参数，更加准确地评价采动损害对魔洞王水库及其堤坝的影响，该矿在31采区首采面（31071工作面）上方地表建立地表移动观测站。观测站由走向观测线与倾向观测线两条观测线组成，由于31采区地表地形复杂，沟壑较多，走向观测线未布置在走向主断面上，而是位于工作面中心偏向下山约10m位置处。走向观测线共22个测点，总长度为691.26m。倾斜观测线沿水库东岸布置，测点共13个，观测线布置如图4-15所示。

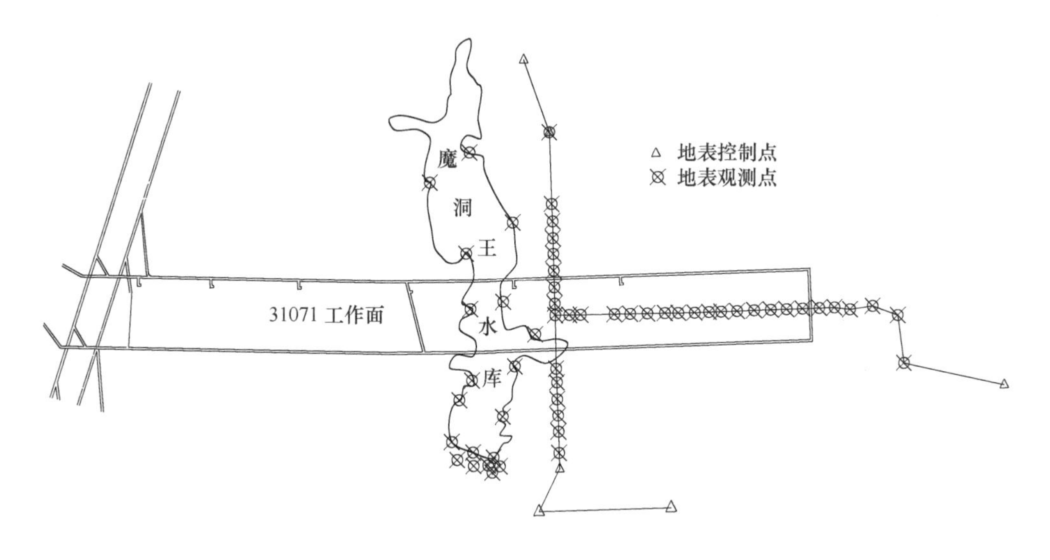

图4-15 地表移动观测站布置图

地表移动观测站的观测工作包括观测站的连接测量及日常观测，测量仪器采用尼康DTM-552全站仪。控制点和测点采用预制铁芯混凝土桩进行埋设，观测点埋设好10~15天，待混凝土固结后地区受采动影响前进行连接测量工作。在观测线受采动过程中重复采用四等三角高程测量。31071工作面自2011年3月8日开始回采，因开切眼距离水库及堤坝尚远，走向和倾斜观测线的观测工作没有及时进行，观测站于 2011 年 4 月 21 日进行首次全面观测，以此次观测数据作为原始数据。截至 2012 年 6 月 12 日，地表移动观测站共进行了 23 次观测，取得了大量的观测数据。其中倾向观测线和走向观测线最终下沉数据分别见表 4-3 和表 4-4，该组数据将作为地表移动变形的基础数据，用于地表概率积分法参数的求取。

表 4-3 倾向观测线各测点数据汇总

测点	间隔长度/m	第 1 次测值	第 23 次测值	下沉值/m
C	0	195. 359	195. 479	-0. 12
$Q13$	28. 99	195. 333	195. 442	-0. 109
$Q12$	38. 69	195. 094	195. 159	-0. 065
$Q11$	29. 62	194. 015	193. 962	0. 053
$Q10$	29. 9	195. 363	194. 991	0. 372
$Q9$	30. 68	196. 112	195. 045	1. 067
$Q8$	25. 23	196. 341	194. 722	1. 619
QZ	96. 91	197. 714	196. 67	1. 044
$Q1$	21. 05	198. 008	197. 213	0. 795
$Q2$	29. 78	197. 842	197. 308	0. 534
$Q3$	30. 66	197. 732	197. 378	0. 354
$Q4$	30. 67	197. 763	197. 477	0. 286
$Q5$	28. 67	195. 046	194. 709	0. 337
$Q6$	30. 15	194. 066	193. 769	0. 297
$Q7$	32. 01	193. 81	193. 719	0. 091

表 4-4 走向观测线各测点数据汇总

测点	间隔长度/m	第 1 次测值	第 23 次测值	下沉值/m
QZ	0	190.403	189.359	1.044
*Z*1	26.2	189.498	188.372	1.126
*Z*2	21.37	189.566	188.411	1.155
*Z*1*a*	63.04	189.553	188.375	1.178
*Z*2*a*	29.57	189.699	188.681	1.018
*Z*3	32.13	192.348	191.284	1.064
*Z*4	32.51	192.260	191.151	1.109
*Z*5	24.88	193.561	192.385	1.176
*Z*6	30.25	194.066	193.015	1.051
*Z*7	26.95	195.046	194.027	1.019
*Z*8	22.84	197.763	196.738	1.025
*Z*9	29.76	197.732	196.723	1.009
*Z*10	31.58	197.842	196.935	0.907
*Z*11	30.44	198.008	197.259	0.749
*Z*12	29.83	197.714	197.259	0.455
*Z*13	29.33	196.341	196.042	0.299
*Z*14	31.66	196.112	195.944	0.168
*Z*15	29.11	195.363	195.277	0.086
*Z*16	29.52	194.015	193.926	0.089
*Z*17	42.8	195.094	194.917	0.177
*Z*18	50.11	195.333	195.282	0.051
*Z*19	88.11	195.359	195.293	0.066

4.5.1.3 地表开采沉陷的概率积分法参数获取

A 倾向主断面概率积分法预计参数

倾向观测线与开切眼的距离为478m，判断倾向观测线处于地表移动盆地的盆地位置，因此倾向观测线各点所在位置均在倾向主断面上。利用origin数据处理软件，按照最小二乘原理，将观测站倾向观测线各点最终观测数据代入概率积分预计公式进行拟合计算，得出倾向主断面地表下沉拟合曲线，如图4-16所示。

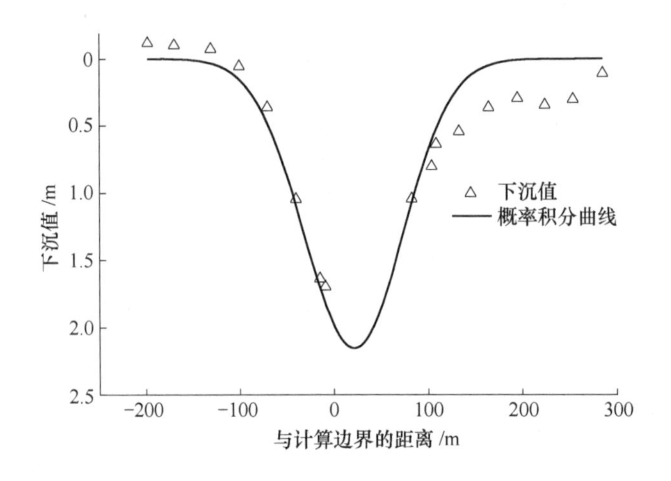

图4-16 倾向主断面下沉拟合曲线

从图4-16中可以看出，煤层上山方向测点的观测桩由于后期遭到人为破坏，导致图中右侧数据与拟合曲线相差较大，通过计算得到本次曲线拟合的相关性系数为0.87，说明了此次曲线拟合的相关性能够满足要求。

通过曲线拟合得到拟合参数 q=0.80；主要影响半径上山方向为 r=123m，下山方向为130m；拐点偏移距上山方向为38m，下山方向为45m。经计算得到倾向主断面概率积分法预计参数，见表4-5。

表4-5 倾向主断面概率积分法预计参数

下沉系数 q	主要影响角正切值 $\tan\beta$		拐点偏移距 s/m		开采影响传播角 θ_0/(°)
	下山	上山	下山 s_1	上山 s_2	
0.80	2.43	2.30	$0.14H_1$	$0.13H_2$	78.75

B 走向主断面概率积分法预计参数

对于31071工作面走向观测线位置的判断，主要考虑是否位于走向主断面位置。由图4-16可知，31071倾向观测线位于地表沉陷盆地盆底范围内，该倾向观测线最大下沉点所在的走向断面为下沉盆地走向主断面。根据对观测数据的分析发现，走向主断面的位置位于观测点 $Q8$ 和 QZ 之间，可以判断倾向观测线并未在走向主断面上。因此必须将走向观测线的观测数据换算到主断面上，才能够用来分析地表移动变形规律和获取该地区的岩层移动参数。

学者孙绍先[211]在平顶山、枣庄观测站移动变形规律的基础上，通过理论分析发现规则形状的工作面（矩形工作面）上方地表移动盆地任意点的下沉值与主断面的下沉值有下列关系：

$$W(x,\ y)=\frac{1}{W_0}W(x)W(y) \tag{4-24}$$

式中 $W(x,\ y)$——地表下沉盆地内任意点的下沉值，m；

W_0——不同采动程度下地表最大下沉值，m；

$W(x)$——走向主断面对应 x 点坐标的下沉值，m；

$W(y)$——倾向主断面对应 y 点坐标的下沉值，m。

图4-17为地表下沉盆地中任意点的下沉值与走向和倾向主断面投影点下沉值的关系，因此可以通过式（4-24）得到走向主断面对应 x 点坐标的下沉值换算公式：

$$W(x)=\frac{W_0}{W(y)}W(x,\ y) \tag{4-25}$$

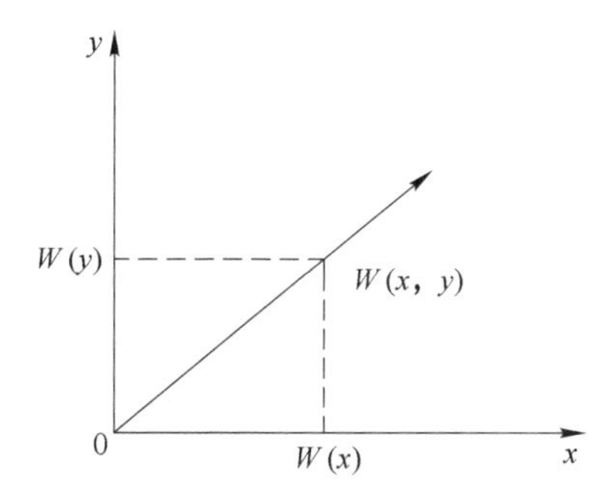

图4-17 任意点下沉值与主断面换算关系

根据倾向下沉拟合曲线公式，分别计算出倾向方向任意点下沉概率积分法函

数 $W(y)$，然后代入式（4-25）中，可得走向主断面下沉的概率积分法函数 $W(x)$。

式（4-25）中引入折算系数 $K=W_0/W(y)$，用以表示主断面走向观测线某一固定位置和非主断面该位置的比值。根据倾向主断面概率积分法参数，将走向观测线各测点在倾向主断面上的投影坐标值 y_i 代入概率积分法预计公式得到 $W(y_i)$，最后代入式（4-25）中，可以得到走向主断面上的下沉值 $W(x)$。以测点 QZ 为例，将其观测值代入式（4-25）计算得到折算系数 $K=W_0/W(y)=2.15/1.05=2.05$。将实测走向主断面的下沉值统一乘以折算系数 K，并将走向主断面上的下沉值代入概率积分法预计公式进行拟合，拟合曲线见图 4-18；得到拟合参数 $q=0.80$，主要影响半径 $r=160\text{m}$，拐点偏移距 $s=45\text{m}$；进而得到走向主断面概率积分法参数，见表 4-6。

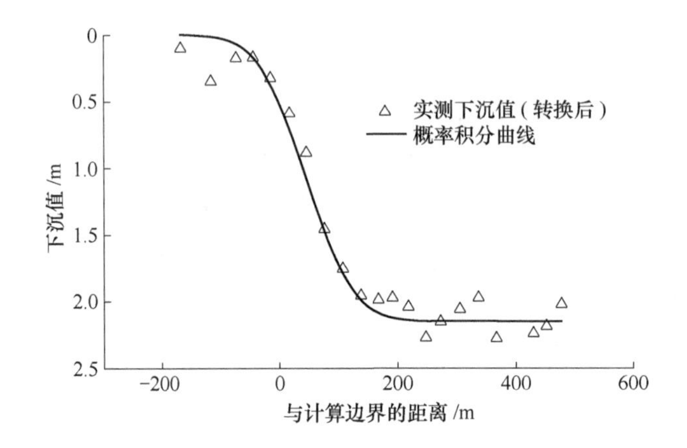

图 4-18 走向主断面下沉拟合曲线

表 4-6 走向主断面概率积分法预计参数

下沉系数 q	水平移动系数 b	主要影响角正切值 $\tan\beta$	拐点偏移距 s/m
0.80	0.27	1.88	0.15H

图 4-18 为地表走向主断面观测下沉值的概率积分法曲线拟合图，从图中可以看出，拟合曲线在下沉盆地边缘位置的拟合程度较好；在移动盆地盆底位置由于观测值出现波动，而出现一定的偏差；从曲线拟合的相关系数 $R^2=0.97$ 来看，走向主断面的曲线拟合相关性较好。

4.5.2 裴沟矿覆岩移动变形计算

对于裴沟矿31071工作面来说，在走向方向上为充分采动，在倾向方向为非充分采动，因此该工作面开采后地表的下沉系数由倾斜方向的开采尺寸决定。根据实测资料进行概率积分法曲线拟合，得到倾向观测线上最大下沉值为2.15m，对应的下沉系数为0.287。由于裴沟矿31071工作面在走向方向上已达到充分采动，因此本书假定：（1）数值模拟中双向充分采动的地表及覆岩移动变形规律适用于研究裴沟矿岩层移动变形；（2）在倾向方向上，概率积分法在不同水平岩层移动变形的计算中，开采影响传播角 θ_0 不变，取78.75°。将裴沟矿31071工作面的地质、开采参数以及概率积分法参数（见表4-5和表4-6）代入式(5-2)，取煤层走向开采距离为800m，倾向长度为130m，计算得到裴沟矿31071工作面开采后地表及覆岩的移动变形计算公式。地表及埋深分别为50m、100m、150m、200m、250m、270m岩层的下沉曲面的倾向剖面如图4-19所示。

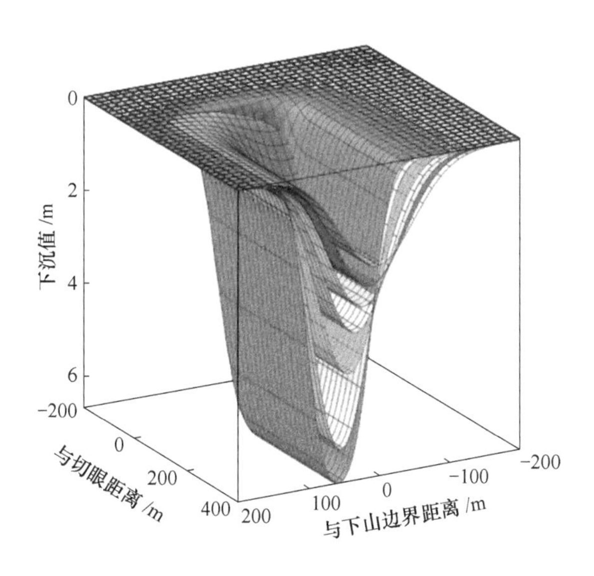

图4-19 裴沟矿工作面开采后地表及覆岩下沉曲面

图4-19中最大下沉值从小到大的曲面依次为地表以及埋深为50m、100m、150m、200m、250m、270m的岩层曲面。岩层埋深越大，其最大下沉值越大。由于煤层存在倾角，工作面开采后上覆岩层的沉降均向下山侧产生不同程度的偏移，其中埋藏越浅的岩层，其下沉曲面沿下山方向偏移量越大。在煤层上山侧走

向剖面同一位置，岩层下沉量随埋深的减小而减小，由此产生层间离层，而在下山侧走向剖面同一位置，岩层的下沉量随埋深的减小而增大，可以判断该区域岩层受到压缩变形。

4.6 本章小结

（1）在煤矿现场案例以及学者研究成果的基础上，分析了采动覆岩结构与概率积分法理论假设的差异，指出有必要针对采动岩层的岩性及结构来研究概率积分法参数在岩层移动变形预计中的变化规律。

（2）以现场实测数据和数值模拟得到的地表及覆岩移动变形数据为基础，对覆岩概率积分法预计参数的变化规律及求取进行了研究。通过分析覆岩移动变形的力学原理以及覆岩移动规律，认为影响覆岩采动主要影响半径的主要因素是岩层的抗弯刚度。根据岩层抗弯刚度的分布函数，推导得到基于覆岩抗弯刚度变化规律的主要影响半径计算公式，认为主要影响半径指数非定值，当岩层距离煤层较近时，主要影响半径指数较大，主要影响半径随岩层与煤层的距离增加的较快。当岩层与煤层距离较远时，主要影响半径指数变小，主要影响半径随岩层与煤层的距离增加的较慢。

（3）以现场实测数据以及数值模拟结果为基础，发现下沉系数及拐点偏移距在覆岩的变化规律呈非线性。利用学者现场观测数据及数值模型数据分别对下沉系数计算函数的参数曲线拟合求解，发现拟合程度较好，得到下沉系数影响指数为 0.344。参照岩层采动主要影响半径的表达方式，引入拐点偏移距影响指数的概念，通过对拐点偏移数据进行曲线拟合，发现其拟合程度较好，说明表达函数的适用性，同时得到拐点偏移距影响指数为 0.338。通过上述预计参数的修正，得到覆岩移动变形预计模型，并对裴沟矿 31071 工作面开采地表及覆岩的下沉进行了计算和分析。

（4）覆岩移动变形预计模型以概率积分法为基础，采用了以现场实测和力学分析结合得到的修正预计参数，能够反映地表实测移动参数在覆岩中的变化规律，因此模型具有很好的可操作性以及正确性。

5 覆岩动态移动变形规律及预计研究

地下开采引起的地表沉陷是一个时间和空间的过程，开采过程中回采工作面与地表点的相对位置不同，开采对地表点的影响也不同。在生产实践中，仅根据稳定后的沉陷规律，对于解决现场实际问题是远远不够的[148]，往往需要对下沉的动态过程进行研究，掌握地表及覆岩下沉速度变化规律，以便对地表及覆岩移动变形的剧烈程度及位置作出判断，从而有计划地对地表构筑物（房屋、堤坝、公路及铁路等）以及覆岩内构筑物（硐室、巷道等）进行防护和治理。

国内外对采煤引起的岩层及地表动态变形已有较深入的研究，例如，国外学者 Knothe 最早将时间函数引入到地表动态下沉的预测中，而后众多学者在 Knothe 时间函数的基础上做了大量研究[212,213]，研究成果能够对地表点下沉的全过程做出准确的预测。黄乐亭等[145]根据地表动态沉陷过程中地表下沉速度的不同，将地表下沉的全过程划分为下沉发展、下沉充分和下沉衰减 3 个阶段；胡戴克等[146,154]通过分析覆岩岩性对地表移动过程时间影响参数的影响，根据大量的实测资料确定了时间影响参数与覆岩岩性参数、采深的关系式；邓喀中等[156]利用最大下沉速度与工作面的相对位置关系，求出了采动过程中地表任意点、任意时刻下沉速度的预计公式，但没有考虑在未达到走向充分采动的过程中，地表动态移动变形参数的变化，因此不适用于开采的整个阶段。本章以 31071 工作面地表实测数据为基础，通过对地表移动变形的动态描述，建立走向断面上地表点任意时刻、任意点下沉速度的预测模型。然后以实测数据为依据，建立覆岩动态移动变形数值模拟模型，研究覆岩动态移动变形的规律，并且参考地表动态移动变形计算公式，建立不同埋藏深度岩层的下沉速度预计模型。研究成果不仅为现场地表及覆岩构筑物的保护及治理技术提供了依据，而且丰富了地表及覆岩动态移动变形的理论研究。

5.1 地表动态移动变形特征

根据 4.5.1 节中地表移动观测站走向观测线的观测数据，将走向观测线数据进行换算得到工作面上方走向主断面的移动变形数据。然后通过分析走向主断面最大下沉点的全程下沉曲线以及下沉速度曲线，掌握地表点的动态移动变形过程；根据主断面上各点在工作面推进过程中的下沉速度值，通过曲线拟合得到工作面推进过程中主断面上各点下沉速度的关系式以及最大下沉速度值滞后距的关系式，为移动盆地走向断面下沉速度的计算提供参数。

为了对地表走向方向上地表动态移动变形进行分析，必须得到不同开采阶段走向主断面上地表下沉值，所以有必要对地表动态移动变形中，主断面坐标转换的方法也就是式（4-24）的适用性进行讨论。图 5-1 所示为典型折线形状布置的走向观测线，走向观测线任意点 A 的坐标为（x'，y'），该点某一时刻的下沉值为 W（x'，y'，t），该点在走向主断面的投影为 B 点。由于工作面开采方向垂直于倾向主断面（剖面Ⅰ），可以认为在工作面开采过程中，倾向主断面下沉曲线各点的变化是同步的，也就是说能够建立 A 点 $W(x', y', t)$ 与 B 点 $W(x', t)$ 的函数关系。

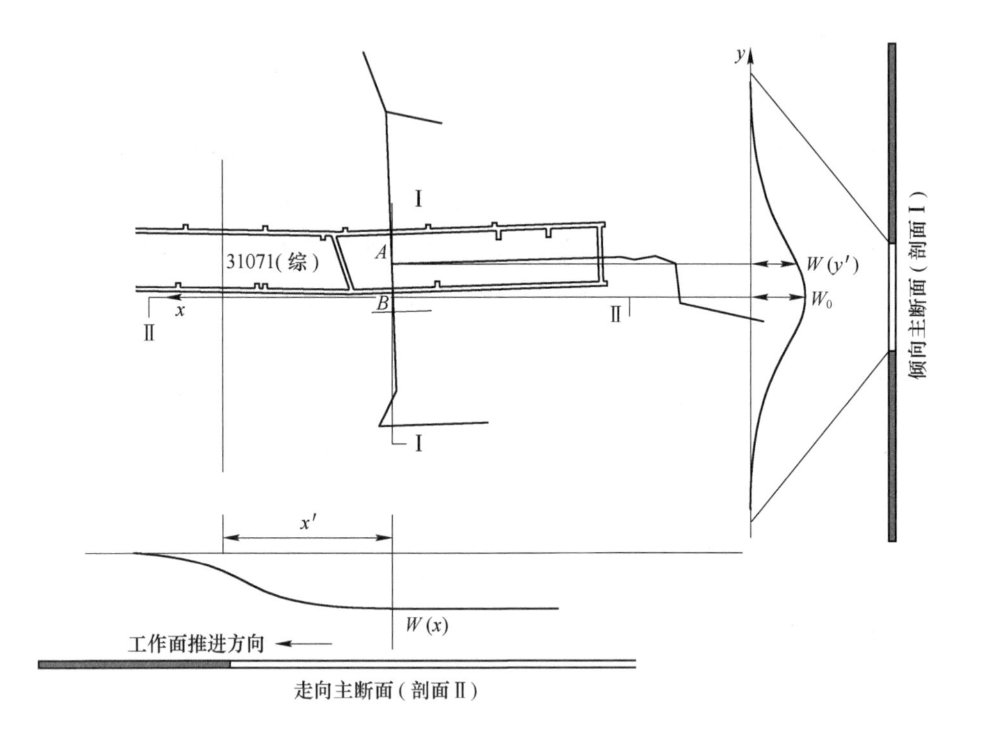

图 5-1 走向观测线下沉曲线

在式（4-24）中引入折算系数 $K=W_0/W(y)$，用以表示主断面走向观测线某一固定位置和非主断面该位置的比值。如果折算系数 K 在工作面推进过程中是恒定不变的，即不依赖于时间 t，则可以认为式（4-24）对于动态移动变形中走向主断面的求取是成立的。K 的取值与倾向主断面最终下沉曲线有关，可以通过倾向观测线的最终下沉曲线来确定折算系数 K 的大小。研究表明地表移动观测站在工作面推进过程中的数值变化不大[214]，考虑到观测仪器的误差，可以认为折算系数 K 是稳定的，能够满足地表观测数据的动态移动变形换算。

5.1.1 最大下沉点的下沉及下沉速度曲线

图 5-2 为地表走向观测线 QZ 观测点下沉速度及下沉值的变化曲线（以下所述的下沉速度及下沉值均为观测点在主断面的数值）。

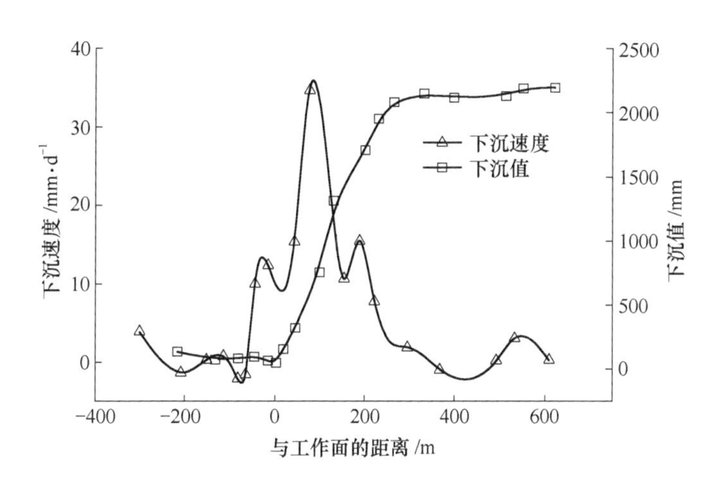

图 5-2 地表最大下沉点的下沉速度及下沉曲线

从图 5-2 中可以看出，由于观测误差的存在，在工作面观测点距离较远时地表亦有下沉现象，所以本书主要将下沉速度是否增加作为判断地表采动影响启动的依据。当工作面与该点的距离为 54m 左右时，地表点开始出现下沉现象，由此可以判断该工作面的超前影响距为 54m，经计算其超前影响角 ω 等于 79.27°。当工作面推过该测点位置时，下沉速度逐渐增大，在工作面推过该点位置 76m 时，该点的下沉速度达到最大值，其值为 38.36mm/d，此时地表点受采动影响移动变形最剧烈。随后地表点下沉速度逐渐减小，最大下沉点的下沉曲线趋于平缓。当工作面推过该点 296m 左右时，地表点下沉速度为 1.67mm/d，此后地表点下沉活跃阶段结束，开始进入衰退阶段，地表沉降下沉速度较慢，该点的下沉值稳定在 2140mm。

5.1.2 工作面推进过程中走向主断面上最大下沉速度

为了表示工作面相对位置不同时开采对地表的影响，将单位时间内地表各点的下沉变化——下沉速度值作为衡量地表采动剧烈程度的指标。将地表走向主断面上各点最大下沉速度值与工作面推进位置绘制成图 5-3。

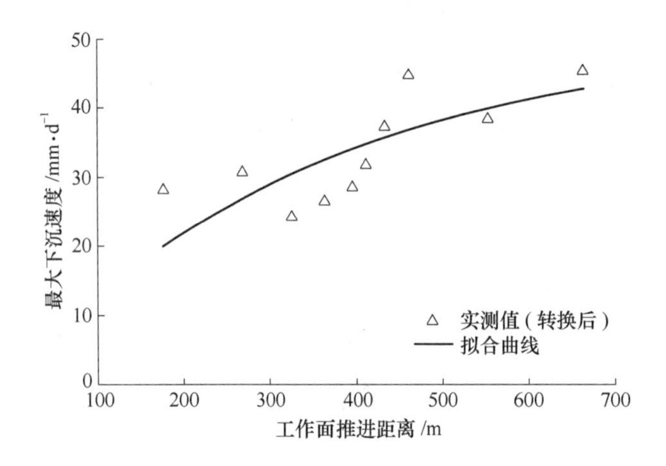

图 5-3 工作面推进距离与观测线最大下沉速度的关系曲线

借鉴地表沉陷动态过程的 Knothe 时间函数形式，通过曲线拟合，得到地表走向主断面上最大下沉速度值与工作面推进距离的关系式：

$$v_{max} = 50.40(1 - e^{-0.0028x}) \tag{5-1}$$

式中，x 为工作面推进的距离，m；v_{max} 为地表主断面最大下沉速度，mm/d。

由图 5-3 可以看出，随着工作面不断推进，开采空间不断增大，地表所受的采动影响越来越剧烈，地表走向主断面上最大下沉速度值逐渐增加。当工作面开采距离达到 663.8m 时，地表测点 $S9$ 最大下沉速度值 v_{max} 由零增加到 45.43mm/d。但是当工作面推进距离超过 400m（即 $1.4H_0$）时，在走向方向上达到充分采动，地表点最大下沉速度增加的幅度逐渐减小，最终趋于稳定值 50.40mm/d。

5.1.3 最大下沉速度滞后距的动态变化规律

在地表下沉速度曲线上，最大下沉速度点的位置总是滞后工作面一定的距离，这种现象叫做最大下沉速度滞后现象。掌握地表最大下沉速度滞后距有助于确定在工作面回采过程中地表移动剧烈的区域，以及最大下沉速度出现的时刻，对地表建筑物的保护具有重要的指导意义。众所周知，当工作面从开切眼开始开采，地表各点在工作面开采方向上经历非充分采动到充分采动的过程，其最大下沉速度滞后距也将是一个动态变化的过程，而对最大下沉速度滞后距的动态变化进行研究，能够动态地确定工作面开采过程中地表移动剧烈区域。

图 5-4 为裴沟矿 31071 工作面推进过程中地表最大下沉速度滞后距的动态变化过程。为了描述地表走向主断面最大下沉速度滞后距在回采过程中的动态变化，通过曲线拟合得到地表走向主断面最大下沉速度滞后距随工作面回采距离变化的非线性函数关系式：

$$L = 95.60(1 - e^{-0.11x}) \tag{5-2}$$

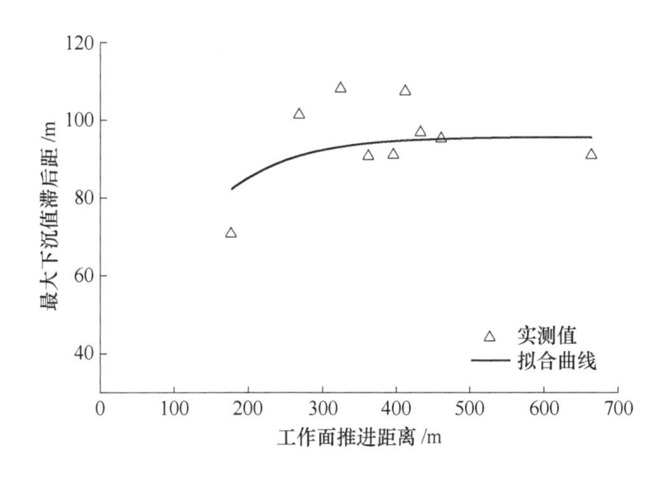

图 5-4　地表最大下沉速度滞后距的动态变化曲线

由图 5-4 可以看出最大下沉速度滞后距与工作面推进距离成指数函数关系，工作面推进到 400m 之前，随着工作面推进距离的增加，最大下沉速度滞后距增加的幅度较大；当工作面在走向方向上达到充分采动后，最大下沉速度滞后距曲线逐渐趋于平缓，增加到一定程度基本上不再增加，稳定在 95.50m，即最大下沉速度滞后角为 71.47°。说明该地区工作面回采过程中，上覆岩层泥岩和砂岩比重较大，覆岩结构较弱，在煤层工作面推进后，顶板的下沉位移传递到地表较快，使得地表最大下沉速度滞后角较大。

5.2 地表走向主断面下沉速度计算方法

在工作面回采过程中，根据地表点的动态下沉数据得到地表点的下沉速度变化规律，研究发现地表下沉速度分布曲线相似于二次曲线分布。若以某一时刻回采工作面在地表的投影点为坐标原点，走向上工作面推进方向为 x 轴正方向，以地表点的下沉速度为 y 轴，则可以表示出走向上地表下沉速度曲线与工作面回采位置之间的相对关系[156]。最大下沉速度滞后距为 L，则走向断面上任意点的下沉速度公式为

$$v(x) = \frac{v_{\max}}{1 + \left(\dfrac{x + L}{a}\right)^2} \tag{5-3}$$

式中 $v_{\max}$——最大下沉速度值，mm/d；

L——最大下沉速度滞后距，m；

a——形态参数，表示曲线的陡缓程度。

对于地表走向主断面上下沉曲线形态参数 a 的求解，本书假定地表某点从距离工作面很远时开始发生下沉，当工作面推过该点位置很远的地方时，该点的下沉值才趋于定值，因此有

$$\Delta W = \int_{+\infty}^{-\infty} \frac{v_{\max}}{1 + \left(\dfrac{x + L}{a}\right)^2} \mathrm{d}\left(-\frac{x}{c}\right) \tag{5-4}$$

经过求解得到

$$a = \frac{W_{\max}}{v_{\max}} \cdot \frac{c}{\pi} \tag{5-5}$$

式中，$v_{\max}$为地表走向主断面最大下沉速度，可按式（5-1）计算；$W_{\max}$为地表最大下沉值，可根据 $W_{\max} = qm\sqrt[3]{n_1 n_2}\cos\alpha$ 求得；c 为工作面平均开采速度，m/d。

由式（5-5）可以看出，在工作面推进速度一定的情况下，形态参数 a 的值随着最大下沉值和最大下沉速度值的变化而变化。由此可以判断，在达到超充分采动以前，走向主断面的下沉速度曲线的形态参数 a 以及位置参数 L 随着开采空间的增大而产生变化，其变化规律可以通过最大下沉速度值及其滞后距与工作面推进距离的关系式求取。在工作面开采 400m 以后，由于工作面走向方向上达到

充分采动，最大下沉值 W_{max} 不再增加，而式（5-1）的最大下沉速度有所增加，但增加的幅度逐渐变小，所以可认为走向主断面的下沉速度曲线的形态参数 a 随着工作面达到充分采动后会有小幅增加，下沉速度曲线形态会变陡。

综上所述，下沉速度曲线的变化规律可以描述为随着开采空间的增大，最大下沉速度值逐渐增大，下沉速度曲线形态逐渐变陡，且最大下沉速度滞后距也逐渐增大。当工作面达到超充分采动，即工作面推进距离超过 400m 后，随着工作面的推进，地表走向主断面下沉速度曲线以固定形态和工作面保持一定的滞后距，随开采不断向前移动。图5-5为工作面推进距离分别为 200m、400m、600m 和 800m 时，工作面上方地表走向主断面下沉曲线和下沉速度曲线的相对位置。

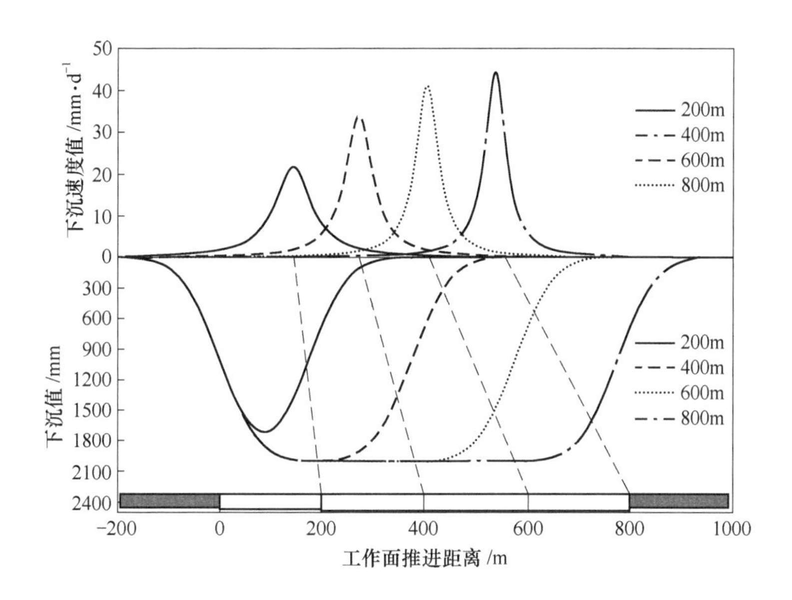

图 5-5 工作面推进过程中下沉曲线和下沉速度曲线相对位置

将裴沟矿 31071 工作面的参数代入式（5-1）、式（5-2）、式（5-5），并代入式（5-3）联立得到工作面任意时刻地表观测线走向断面上任意点的下沉速度计算公式：

$$v(x,\ t) = \frac{50.40(1 - \mathrm{e}^{-0.0028ct})}{1 + \left(\dfrac{x + 95.60(1 - \mathrm{e}^{-0.11ct})}{cqm\sqrt[3]{n_1 n_2}\cos\alpha c} \times 50.40(1 - \mathrm{e}^{-0.0028ct})\pi\right)^2} \tag{5-6}$$

取工作面推进距离等于 360m 时，按照式（5-6）计算得到的距工作面不同距离的地表各点下沉速度，并与实测值进行比较，如图 5-6 所示。

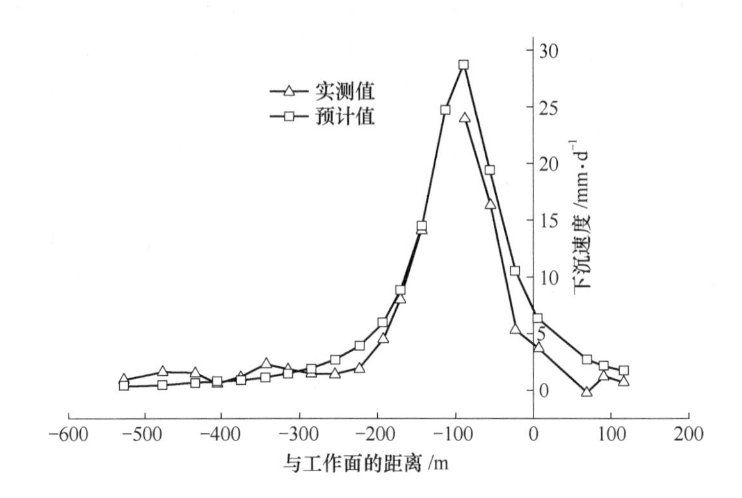

图 5-6 推进距离为 360m 时地表断面上各点下沉速度曲线

由图 5-6 中可以看出当工作面推进距离为 360m 时，地表走向断面上各点下沉速度实测值与计算值偏差较小，计算得到其平均误差为 1.57mm/d，说明动态移动变形的预计结果能够满足工程需要。

5.3 覆岩岩层动态移动变形规律

本书 5.2 节内容中对地表走向观测线的数据进行分析，得到了工作面上方地表走向主断面的下沉速度计算公式，并对模型进行了验证，认为该模型能够准确地对地表动态移动变形进行计算。由于地表移动变形是覆岩移动变形的外在表现形式，岩层的移动变形是地表移动变形的根本因素，所以本书借鉴地表移动变形的分析方法，对覆岩岩层的动态移动变形进行研究。但是由于覆岩移动变形很难进行现场实测，因此本节以地表实测数据为基础，建立动态移动变形的数值模拟模型，对覆岩移动变形的规律进行研究。结合上述内容建立地表及覆岩的动态移动变形预计模型，以此来指导地表及覆岩构筑物的保护工作。

5.3.1 动态开挖数值模型

离散元数值模拟软件中，对于模型计算的控制主要采用以下两种方式：一种是设定运算步数（step），即设定软件的循环步，运算完毕后停止或进行下一阶段的运算。若在计算步数未达到设定循环步的情况下，其最大不平衡力比低于默认值，则也将停止运算或进入下一阶段的运算；另外一种方式是设定最大不平衡力之比（the maximum unbalanced force ratio，最大不平衡力与初始不平衡力之比），当软件运算的不平衡力比小于该值时，运算停止或进入下一阶段的运算。其计算原理如图 5-7 所示。

对于煤层开挖的动态表示一般采用设定一定的开挖步距，并给定一定的循环步或者改变最大不平衡力之比的值，当运算结束后模型进入下一个开挖运算。然而在工作面的连续开挖过程中，上覆岩层的变形破坏是一个不断变化的过程，必须设置合适的开挖步距及循环步（或最大不平衡之比），才能够对现实开采中工作面的推进进行准确的模拟。基于上述原因，必须通过现场实测的有关数据，对数值模拟采用的开挖步距及其循环步（或最大不平衡之比）进行校核，这样数值模拟才能够作为研究覆岩及地表移动变形的一种可靠手段。

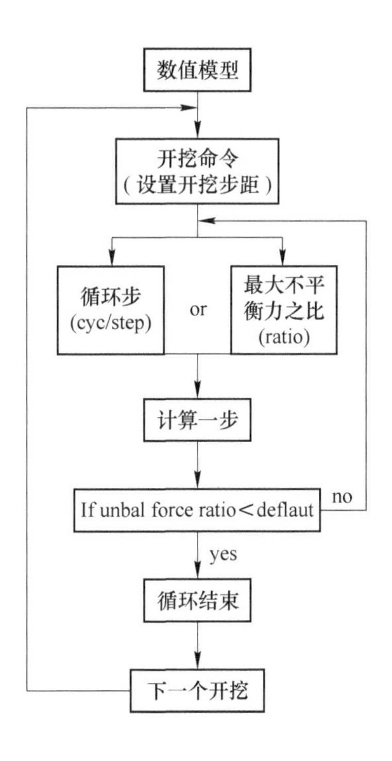

图 5-7 数值模拟连续开挖的计算原理

5.3.1.1 开挖步距的确定

裴沟矿 31071 综放工作面安装有 KBJ-60Ⅲ矿压观测系统，用以准确地掌握顶板来压的步距、周期、强度等数据。在工作面回采期间，监测系统不间断地将井下工作面液压支架的压力值保存于支架分机中，安排专门人员收集分机数据，并上传至电脑专用软件中。根据开采期间矿压监测系统的统计数据，得知 31071 工作面周期来压步距平均为 18.5m，综合考虑确定数值模拟开挖步距为 20m。

5.3.1.2 计算中最大不平衡力比（unbal force ratio）的设置

由图 5-8 动态计算方案的原理可知，首先设定一初值，并且将数值模拟计算和现场实测的地表全程下沉曲线进行对比；然后对最大不平衡力比进行不断调整，使数值模拟结果与现场实测结果相符。

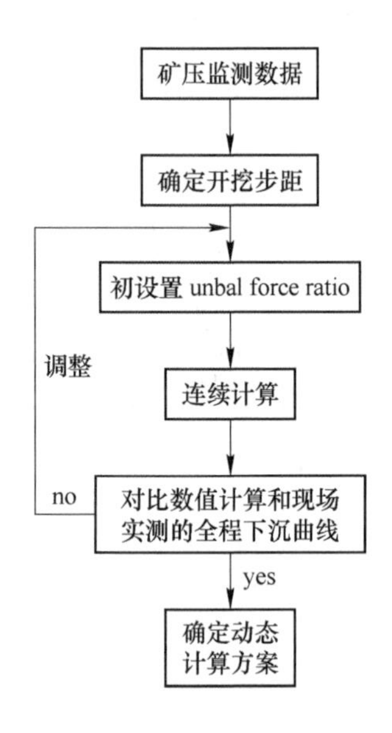

图 5-8 动态计算方案原理

通过调整最大不平衡力比的大小，发现在开挖步距为 20m/次的情况下，最大不平衡力比（unbal force ratio）取 4.8×10^{-5}时，数值模拟的计算结果与地表实测结果最为接近。

由于现场实施覆岩移动变形的监测工作难度较大，且费用较高、周期长，目前这方面现场工作较少。本书以数值模拟为基础，通过调节数值模拟的参数（比如开挖步距和开挖时步）来达到反演31071工作面地表及覆岩移动变形的目的。首先要验证数值模型计算动态移动变形的正确性，由于数值模型所建立的是走向断面的二维模型，所以有必要对4.5.1节中31071工作面走向观测线的实测数据进行转换。文献［149］研究认为地表动态移动变形与地质条件和开采技术有关。根据经验，影响地表动态移动变形的地质和采矿技术因素主要包括煤层埋深、覆岩中松散层所占比例、工作面开采速度、工作面倾向长度以及煤层采厚等。在地表动态移动变形其他因素不变的情况下，单一地分析工作面倾向长度的影响。本书假定在倾向非充分采动情况下，走向断面上地表点动态下沉函数$W(x, t)$与倾向充分采动情况下走向断面相同位置处的下沉函数$W'(x, t)$存在如下关系：$W'(x, t) = K'W(x, t)$，其中K'为转换系数，等于W'_{max}/W_{max}。因此在开采速度一定的情况下，上述两者的最大下沉速度值的关系为$v'(x, t)=K'v(x, t)$。对应于地表或覆岩下沉速度函数式（5-5）中下沉速度的形态参数a则不变。

根据4.5.1节中31071工作面走向观测线的实测数据，选取观测线中Z8测点的动态全程下沉数据，数值模型所建立的是走向断面的二维模型，将观测线Z8的观测值转换为倾向充分采动情况下的下沉数据。假设31071工作面倾向非充分采动与充分采动阶段地表概率积分法参数相同，得到倾向充分采动情况下，工作面推进过程中该测点的动态下沉数据，并以此为纵坐标，以工作面推进距离为横坐标，绘制Z8测点在工作面推进过程中的动态全程下沉曲线，具体见图5-9。

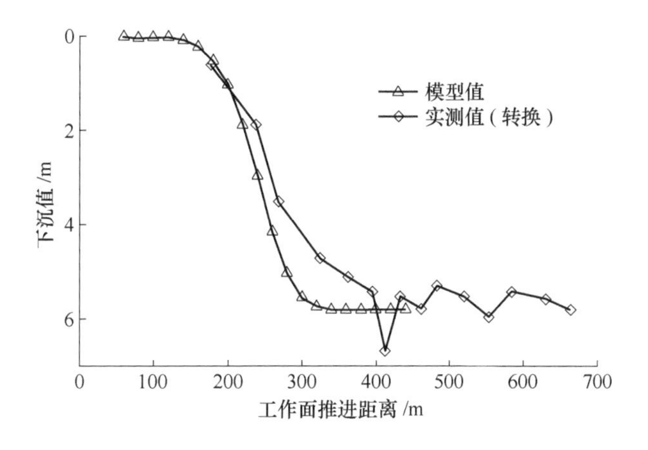

图5-9　测点Z8（转换后）与模拟计算的动态下沉曲线

由图 5-9 可知，地表实测点的下沉曲线和数值模型对应点的下沉曲线具有很高的相似度。地表点的下沉量与开采距离的关系曲线在形态上呈现出前端小后端大的不对称“S”形，两条曲线能够表现出地表动态发展的 3 个阶段。将转换后实测的数据与数值模拟的下沉速度进行对比，绘制成图 5-10。

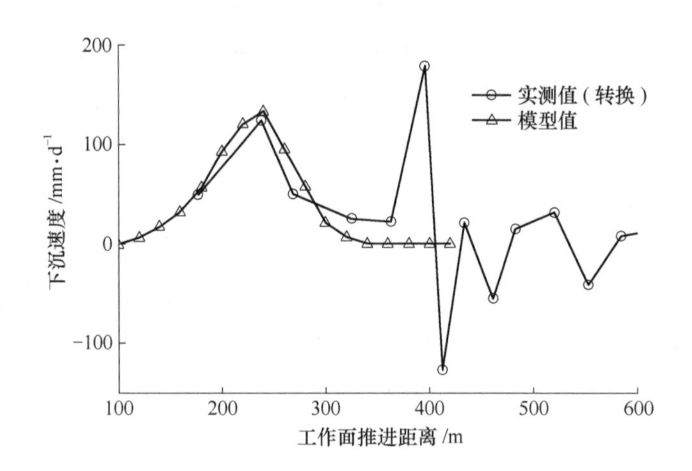

图 5-10 实测和数值模拟的地表点下沉速度变化曲线

由图 5-10 可知，在剔除工作面推进距离为 400m 时的相邻两个测量误差较大点的情况下，实测转换得到的地表点下沉速度动态曲线与数值模拟得到的地表点下沉速度曲线在曲线形态上相似，且实测点最大下沉速度为 124. 32mm/d，数值模拟得到的该点最大下沉速度为 132. 78mm/d，两者相对误差率为 6. 4%，证明该数值模型关于地表动态移动变形的计算具有一定的准确性，能够用于研究地表及覆岩的动态移动变形。

5. 3. 2 覆岩动态移动变形特征

5. 3. 2. 1 采动覆岩最大下沉速度的变化规律

首先以数值模型地表的下沉曲线为例，按照本章对地表观测线的动态移动变形的分析原理，对工作面不同推进距离下地表的最大下沉速度进行拟合，具体见图 5-11。得到数值模型地表的最大下沉速度随工作面开采距离的函数关系式：

$$v_{max} = 137.96(1 - e^{-0.0083x}) \tag{5-7}$$

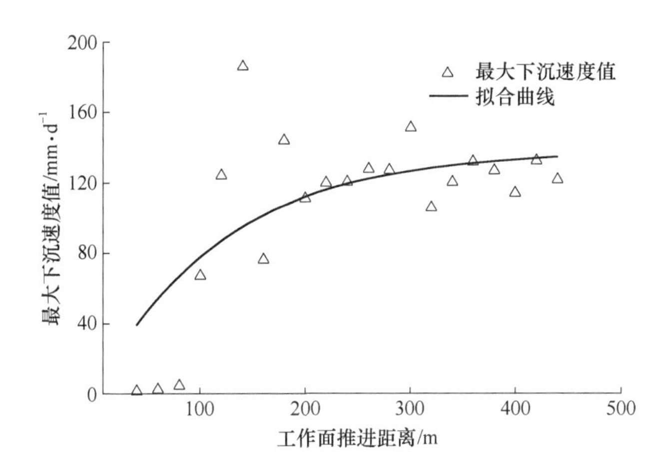

图 5-11 工作面推进过程中地表最大下沉速度

本节选取距离煤层 250m、210m、170m、130m、90m、50m 和 10m 岩层在工作面推进过程中的下沉数据，来研究工作面推进过程中，不同埋深岩层的动态移动变形规律。由于开采距离下岩层的最大下沉速度值有一定的离散性，所以对不同开采距离条件下岩层的最大下沉速度进行拟合，参照地表最大下沉速度与工作面开采距离的函数关系式（5-7），定义

$$v_{\max}^{i} = v'(1 - e^{-bx}) \tag{5-8}$$

式中 $v_{\max}^{i}$——某水平下岩层在工作面推进过程中的最大下沉速度，mm/d；

v'——最终最大下沉速度，mm/d；

b——随工作面推进距离的增长系数；

x——工作面开采距离，m。

将不同水平岩层在工作面推进过程中的最大下沉速度代入式（5-8），得到岩层的最大下沉速度动态变化函数参数值，具体见表 5-1。

表 5-1 岩层及地表最大下沉速度拟合参数

与煤层的距离/m	300（地表）	250	210	170	130	90	50	30
v'/mm · d^{-1}	137.96	139.04	141.48	162.45	165.50	188.41	231.30	261.58
b	0.0083	0.0085	0.0093	0.0083	0.0093	0.0095	0.0127	0.0100

不同水平岩层的最大下沉速度随工作面的推进逐渐增大，当工作面推进到一定距离后，岩层的最大下沉速度趋于定值。由表 5-1 可以看出，当与煤层距离逐渐减小时，岩层随工作面推进稳定的最大下沉速度值逐渐增大，即由地表的最大下沉速度 137.96mm/d 增加到与煤层距离 30m 时的 261.58mm/d。为了对岩层稳定后的最大下沉速度和该岩层与煤层距离的关系进行表述，对表 5-1 的岩层最大下沉速度进行非线性拟合，得出岩层与煤层距离不同时，最大下沉速度的变化曲线图 5-12 及拟合公式（5-9）。

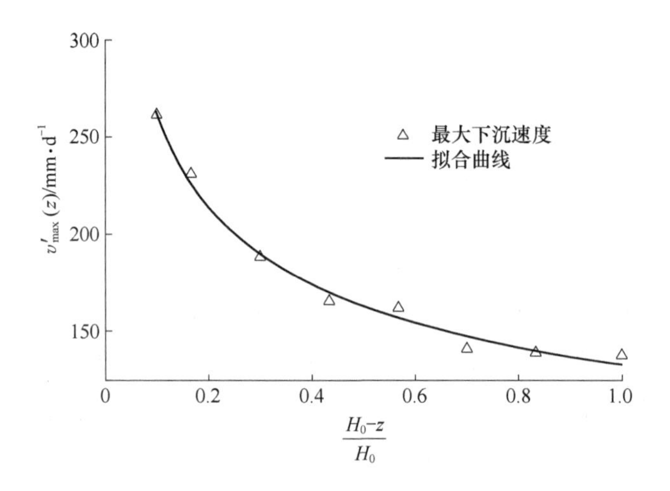

图 5-12　不同水平岩层最终最大下沉速度

$$v'_{max}(z) = v_0\left(\frac{H_0 - z}{H_0}\right)^{-0.30} \tag{5-9}$$

式中，z 为岩层的埋深，m；H_0 为煤层的埋深，m；v_0 为地表最大下沉速度值，等于 132.75mm/d。

由表 5-1 可以看出，岩层的最大下沉速度拟合参数中的增长参数 b 随着与煤层距离的减小而增加，说明与煤层距离较近的岩层最大下沉速度达到稳定时，工作面的推进距离较小。将上述数据进行曲线拟合，得到增长参数 b 和岩层与煤层距离的关系式：

$$b(z) = 0.008 \times \left(\frac{H_0 - z}{H_0}\right)^{-0.12} \tag{5-10}$$

将式（5-9）和式（5-10）分别代入式（5-8），得到覆岩最大下沉速度与工作面推进距离之间的关系：

$$v^i = v_0\left(\frac{H_0 - z}{H_0}\right)^{-0.30}\left[1 - e^{-0.008\left(\frac{H_0 - z}{H_0}\right)^{-0.12}x}\right] \tag{5-11}$$

5.3.2.2 采动覆岩最大下沉速度滞后距的变化规律

覆岩岩层由于与煤层的距离不同，受到的采动影响也有所差异，因此在工作面推进过程中，岩层的动态移动变形有所不同。5.2 节对岩层在工作面推进过程中最大下沉速度进行了分析，一般认为岩层中最大下沉速度出现的位置要落后于工作面一定距离，该距离被定义为最大下沉速度滞后距。与煤层距离较近的岩层受到的采动影响必然较剧烈，因此最大下沉速度滞后距较小；而距煤层越远的岩层，它的最大下沉速度滞后距越大。为对覆岩不同岩层的最大下沉速度滞后距变化规律进行研究，本节选取了 250m、210m、170m、130m、90m、50m 和 10m 岩层的数值计算数据，以求出工作面推进过程中上述岩层的最大下沉速度滞后距的变化规律。

类似于式（5-8）的形式，将 L'定义为随工作面的推进，稳定后的岩层最大下沉速度滞后距；而增长参数 c 表示随工作面开采，最大下沉速度滞后距的增长趋势，具体见表 5-2。

表 5-2 岩层最大下沉速度滞后距参数

与煤层的距离/m	300（地表）	250	210	170	130	90	50	30
L'/mm · d^{-1}	79.51	76.53	59.92	55.13	55.13	49.89	45.68	40.36
c	0.014	0.015	0.014	0.013	0.013	0.014	0.011	0.013

由表 5-2 可以看出，当岩层与煤层距离逐渐减小时，其最大下沉速度滞后距逐渐减小，即由地表的最大下沉速度滞后距 79.51m 减小到与煤层距离 30m 时的 40.36m。但是岩层最大下沉速度滞后距随工作面推进的增长参数 c 变化不大，在 0.011~0.015，可以取其平均值 0.013。同理可得到覆岩最大下沉速度滞后距的稳定值，见式（5-12）。于是可以得到工作面推进过程中，不同埋深岩层最大下沉速度滞后距的计算公式（5-13）。

$$L'_{\max}(z) = 41.84 \times \frac{H_0 - z}{H_0} + 36.32 \tag{5-12}$$

$$L^i = \left(41.84 \times \frac{H_0 - z}{H_0} + 36.32\right)(1 - e^{-0.013x}) \tag{5-13}$$

5.4 覆岩动态移动变形预计模型

本书5.3节中根据数值模型对地表及覆岩的动态移动变形进行研究，给出了覆岩最大下沉速度和最大下沉速度滞后距与工作面开采距离的关系式。由于数值模型与实际矿井开采及地质条件有一定的差异，因此模拟结果中存在一定的误差，必须用现场实测的数据对数值模拟得到的地表及覆岩的动态移动变形进行修正，才能够指导现场工作。

由式（5-9）可知，当 $z=H_0$ 时，地表的最大下沉速度拟合值为132.75mm/d，由此可以根据实测的地表最大下沉速度替代式（5-9）中的常数系数，得到基于地表实测最大下沉速度的覆岩最大下沉速度计算公式：

$$v^i = v_{地}\left(\frac{H_0 - z}{H_0}\right)^{-0.30}\left[1 - e^{-0.008(\frac{H_0-z}{H_0})^{-0.12}x}\right] \tag{5-14}$$

式中，$v_{地}$ 为地表实测的最大下沉速度，mm/d。

对于岩层的最大下沉速度滞后距的修正可以在式（5-13）前加一修正系数 a_L，其值等于 $\frac{L_{地}}{L'(z)}\Big|_{z=H_0}$，其中 $L_{地}$ 为地表实测得到的最大下沉速度滞后距。于是得到基于地表实测最大下沉速度滞后距的覆岩最大下沉速度滞后距计算公式：

$$L^i = a_L\left(41.84 \times \frac{H_0 - z}{H_0} + 36.32\right)(1 - e^{-0.013x}) \tag{5-15}$$

假定工作面推进过程中，地表及覆岩主断面上的下沉速度分布曲线类似于二次曲线形式，参考地表走向主断面上任意点的下沉速度函数式（5-3），推而广之，覆岩岩层走向主断面上的下沉速度公式为

$$v^i(x) = \frac{v^i_{\max}}{1 + \left(\frac{x + L^i}{a^i}\right)^2} \tag{5-16}$$

式中 $v^i_{\max}$——某水平岩层的最大下沉速度，mm/d；

x——工作面推进距离，m；

L^i——某水平岩层的最大下沉速度滞后距，m；

a^i——某水平岩层的下沉速度曲线形态参数，表示曲线的陡缓程度。

由式（5-4）可知，主断面的下沉速度曲线形态参数 a 随着开采空间的增大而产生变化，当工作面由非充分采动到充分采动的过程中，下沉速度曲线形态会变陡。岩层下沉速度分布函数形态参数 a^i 的求取主要依据该水平下岩层走向主断面的最大下沉值 W^i_{max}、最大下沉速度值 v^i_{max} 和工作面推进速度 c。其中岩层的最大下沉速度 v^i_{max} 可参考式（5-9），而岩层走向主断面的最大下沉值 W^i_{max} 可以根据工作面开采空间与岩层与煤层的距离来确定，有

$$W^i_{max} = Mq_i \sqrt[\beta]{n^i_1 n^i_2} \cos\alpha \tag{5-17}$$

式中 q_i——岩层 i 的下沉系数，当地表充分采动下沉系数已知时，可根据式（4-17）求得；

n^i_1——对于岩层 i 来说，工作面倾向方向的采动系数，其最大值为 1；

n^i_2——对于岩层 i 来说，工作面走向方向的采动系数，其最大值为 1；

α——煤层的倾角，此处取 15°；

β——系数，一般取 1~3。

式（5-17）中对于岩层 i 来说，工作面倾向 n^i_1 和走向方向的采动系数 n^i_2，等于 $\eta D/(H_0-z)$。其中 η 为系数，一般取 0.7~0.9；D 为倾向或走向开采长度（单位是 m）；z 为岩层 i 的埋深（单位是 m）。

将式（5-14）、式（5-15）以及式（5-17）联合式（5-5），代入式（5-16）得到工作面开采任意时刻地表及覆岩走向断面上任意点的下沉速度计算公式：

$$v(x,\ t,\ z) = \frac{v_{地}\left(\frac{H_0 - z}{H_0}\right)^{-0.30}\left[1 - e^{-0.008\left(\frac{H_0-z}{H_0}\right)^{-0.12} ct}\right]}{1 + \left\{\frac{x + a_L\left(41.84 \times \frac{H_0 - z}{H_0} + 36.32\right)(1 - e^{-0.013ct})}{cMq_i\sqrt[3]{n^i_1 n^i_2}\cos\alpha} v_{地}\left(\frac{H_0 - z}{H_0}\right)^{-0.30}\left[1 - e^{-0.008\left(\frac{H_0-z}{H_0}\right)^{-0.12} ct}\right]\pi\right\}^2} \tag{5-18}$$

根据前述裴沟矿 31071 工作面地表走向主断面的最大下沉速度及最大下沉速

度滞后距的分析，得知式（5−18）中 $v_{地}$ 等于 50.40mm/d，最大下沉速度滞后距的修正系数 a_L 等于 1.22。将上述参数代入式（5−18），得到裴沟矿 31071 工作面地表及覆岩的下沉速度的计算公式。当开采速度为 2.3m/d 时，选取在工作面开采时间为 20d、40d、60d、100d 以及 140d 条件下，埋深分别为 100m 和 200m 岩层的下沉速度，分布曲线具体见图 5−13。

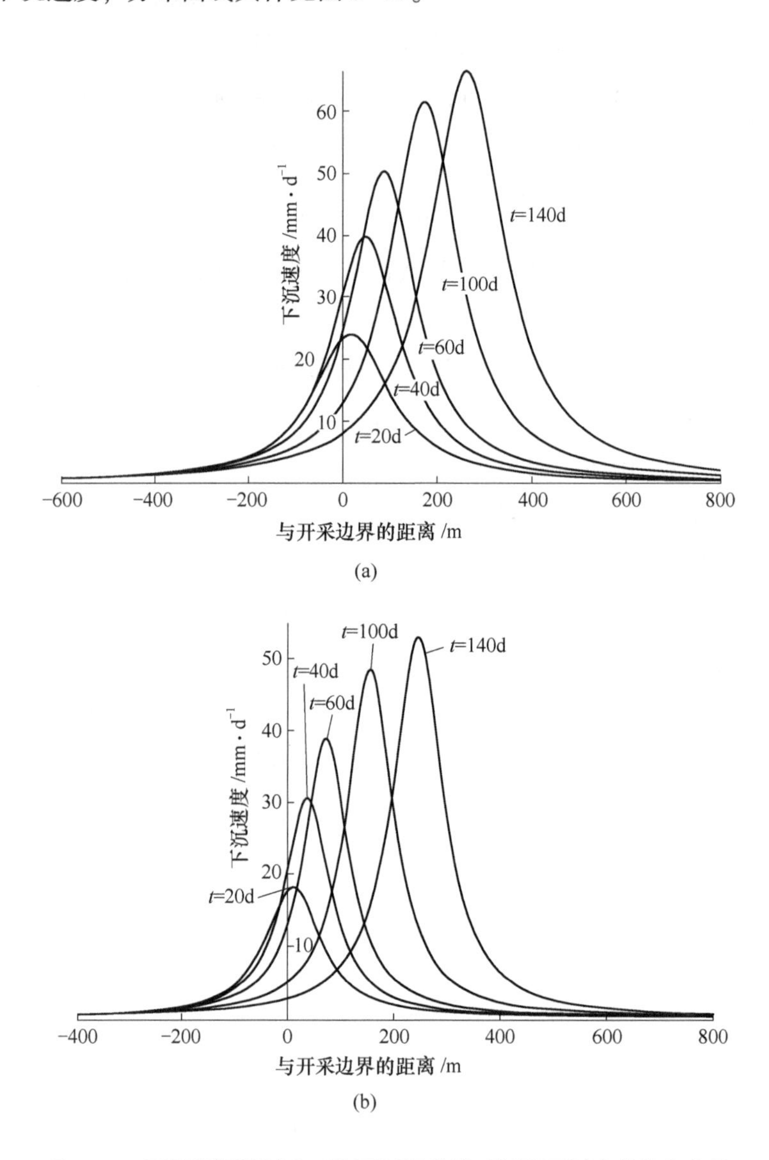

图 5−13 不同埋深岩层在工作面不同推进时间的下沉速度分布曲线

（a）埋深为 100m；（b）埋深为 200m

由图 5-13 可知，同一水平下岩层的下沉速度呈二次曲线形式分布，随着开采空间的增大，岩层断面上的下沉曲线表现出如下规律：首先下沉速度曲线峰值随开采空间的增大而逐渐增大，并且当工作面开采达到超充分采动后，最大下沉速度值增加的幅度逐渐减小，最终稳定在一定值；另外，从岩层的下沉速度曲线的形态来看，随着工作面开采空间的增加，岩层下沉速度曲线形态越来越陡，最终趋于一稳定形态；最后，岩层下沉速度曲线的最大下沉速度滞后距随工作面开采尺寸的增加而逐渐增大。总体而言工作面推进过程中，岩层下沉速度曲线的峰值逐渐增加，曲线形态逐渐变陡；当开采达到一定程度后，岩层下沉曲线的峰值和形态趋于稳定，并与工作面保持一定的滞后距离，随工作面的开采向前方移动。

对比图 5-13（a）和（b）可以发现，在工作面推进距离相同的情况下，距离煤层较近岩层的下沉曲线峰值较大，最大下沉速度滞后距较小，但是其下沉曲线的形态反而较平缓。分析认为，主要是由于当工作面推进一定距离时，与煤层距离较近岩层的采动程度较大，岩层的最大下沉值增加的速度大于岩层最大下沉速度增加的速度。根据式（5-5）可知，在开采速度一定的情况下，距离煤层越近岩层的下沉曲线的形态参数 a 越大，使得距离煤层较近岩层的下沉速度曲线较平缓。

5.5 本章小结

（1）本章首先以裴沟矿 31071 工作面的地表观测数据为依据，分析了地表走向断面最大下沉点在工作面推进过程中的下沉曲线和下沉速度曲线，然后对主断面各点在开采过程中的下沉速度和最大下沉速度滞后距进行曲线拟合，得到最大下沉速度和最大下沉速度滞后距关于工作面推进距离的函数公式。以上述动态移动变形参数的函数表达式为基础，对下沉曲线进行函数表达，进而建立了 31071 工作面走向主断面的下沉速度计算公式。

（2）由于现场实施覆岩移动变形观测的难度较大，所以以地表实测数据为基础，建立数值模型来对覆岩及地表的动态移动变形进行研究。首先通过地表实测数据验证了数值模型的正确性；然后分析不同岩层水平条件下，走向断面动态移动参数（最大下沉速度和最大下沉速度滞后距）随工作面开采距离的变化规律；最后根据覆岩动态移动变形参数，建立了覆岩动态移动变形的预计模型。

(3) 通过对不同水平岩层的下沉速度曲线变化规律的分析，认为同一水平下，工作面推进过程中，岩层下沉速度曲线的峰值逐渐增加，曲线形态逐渐变陡。当开采达到一定程度后，岩层下沉曲线的峰值和形态趋于稳定，并与工作面保持一定的滞后距离，随工作面的开采向前方移动。当赋存水平不同时，在工作面推进距离相同的情况下，距离煤层较近岩层的下沉曲线峰值较大，最大下沉速度滞后距较小，但是其下沉曲线的形态反而较平缓。

6 基于覆岩移动变形的采动裂隙发育计算方法

采动裂隙是水体渗流和瓦斯聚集运移的通道，其研究意义重大，无论是保护地表生态环境的保水开采技术，还是防治上覆含水岩土层的溃水溃沙、预防采空区瓦斯聚集引起的瓦斯超限或瓦斯爆炸等一系列煤矿安全隐患都与此相关。长期以来，我国学者对此不断进行探索。学者根据采空区上方岩层受到的采动影响程度不同，将上覆岩层在竖直方向上划分为“三带”，即垮落带、裂隙带和弯曲下沉带，其中垮落带和裂隙带由于其导水特性统称为导水裂隙带[165]。目前我国煤矿生产中，现场主要采用钻孔冲洗液法[215]、双端堵水法[45]以及物理探测的手段[94,215,216]（电法探测、瞬变电磁以及视电阻率等方法）在井下对采空区上方覆岩进行实测；在理论上普遍采用经验类比法确定覆岩导水裂隙带的高度[217,218]；在覆岩采动裂隙发育特征方面，数值模拟和物理模拟等方法也被广泛采用[219,220]。综上所述，以往对于煤层开采引起上覆岩层破坏高度的研究多是根据现场实测的结果[221,222]，或者类比方法建立起来的经验公式，对于覆岩破坏的规律多依赖于相似模拟和数值模拟研究手段。上述研究尽管取得了较丰富的成果，但是对岩层产生断裂形成导水裂隙带的机理研究较少，以覆岩岩层的移动变形来研究覆岩的破坏则显得至关重要[21,24,161,223]。考虑到覆岩水平移动变形机理不明确，并且案例及理论相对缺乏，无法运用水平移动系数对覆岩内水平移动和变形进行量化表达，从而无法判断采动裂隙的发育程度。

本章在前述覆岩移动变形预计模型的基础上，建立覆岩移动变形与覆岩破坏之间的联系，利用层间拉伸率和层面拉伸率分别表示层间裂隙和纵向裂隙的发育程度，然后对覆岩裂隙的发育规律进行研究。通过现场导水裂隙带实测数据，反演得到岩层导水性的判断指标，从而建立覆岩采动裂隙发育的计算方法。

6.1 采动覆岩破坏特征

岩体中存在小尺度的微孔隙和微裂纹，也存在大尺度的裂隙、节理、断裂结构等。在采动影响下，原有裂隙或者孔隙破裂扩展，并相互连通形成复杂的采动裂隙[224]。研究表明，在破裂特征方面，卸荷岩石的破裂面主要有张性破裂面、剪切破裂面以及张剪破裂面。在卸载试验中岩石主要以张剪破坏为主，在围压较小的情况下主要以张性破裂面为主，随着围压的增大，岩石的剪切破裂面占主要部分[225]。由于上覆岩层岩体在工作面开采过程中经历加载、卸载以及应力恢复的再加载过程，并且不同区域裂隙的扩展机理可能以剪切或拉伸为主，也可能受两者的共同作用[226]。受载条件下岩体力学行为与变形破坏规律的影响较为复杂，并且不同应力路径条件下岩体的力学特性无论是其力学机制，还是其力学响应均存在较大差异，因此从采动覆岩的应力场的变化中很难对岩体产生的裂隙进行判断。

采空区覆岩裂隙的产生和扩展都是与采动影响下岩层运动分不开的[164]，当地下煤层开采后，煤层顶板的岩层发生弯曲，进而破断，岩层的移动变形自下而上进行传递，覆岩内岩体在水平拉伸变形作用下产生采动裂隙，如图 6-1 所示。

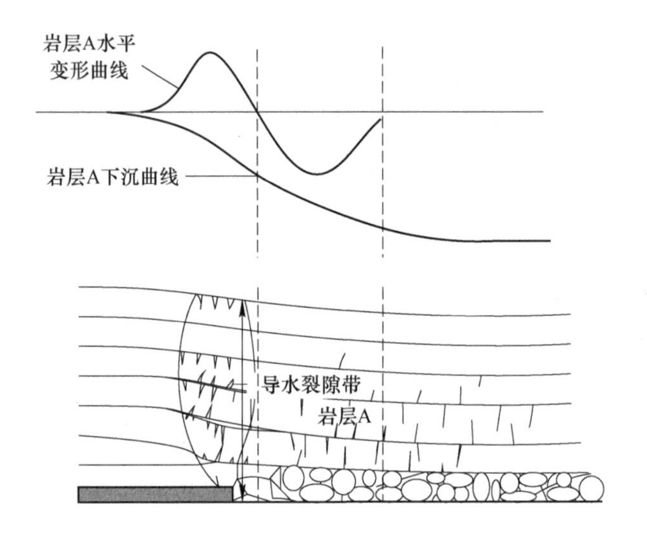

图 6-1 岩体裂隙与其移动变形曲线的关系

从图 6-1 中可以看出，以工作面上方某一岩层的下沉及水平变形为例，该岩层在拐点外侧（煤壁侧）水平变形值为正，即该区域岩层受到拉伸变形。当拉伸变形足够大时，将产生贯穿岩层的裂隙。在岩层垂直于层面方向，由于相邻岩层的沉降曲线的差异，当相邻岩层间发生垂向拉伸时，会出现离层裂隙。尤其是在煤壁侧附近，岩层的下沉曲线变化较剧烈，极易产生离层裂隙。离层裂隙会形成层面的导水通道，若与层间贯穿裂隙沟通则会形成导水裂隙带，威胁工作面的安全生产。

因此对采动覆岩导水裂隙带的判断，可以从由岩层层向拉伸变形引起的层面裂隙和由相邻岩层不协调沉降引起的离层裂隙方面来研究。而层向拉伸变形和层间拉伸变形则可以通过覆岩的移动变形计算公式进行研究。

6.2 覆岩采动裂隙的表示

概率积分法被广泛应用到地表及覆岩移动变形预计中，大量的工程实践及理论研究认为该方法适用性较好。本书以弹性板理论建立了覆岩移动变形力学模型，分析地表及覆岩移动变形的机理，然后对概率积分法中预计参数进行修正，能够对地表及覆岩的下沉、倾斜及曲率进行计算。

概率积分法中对于地表及岩层的水平移动和水平变形值的计算，主要依赖于水平移动系数 b，但是水平移动系数 b 在覆岩的变化规律目前没有统一的认识。通过对覆岩应力场和位移场的分析认为，煤壁侧采动覆岩在下部由于受到双向压缩变形，水平位移指向煤壁侧，随着与煤层距离的增加，水平位移则指向采空区侧。从数值模拟结果中发现，采空区上方靠近煤壁的位置，覆岩的水平位移随着岩层与煤层距离的增加，表现出先增加后减小，并在近地表处逐渐增加的趋势。综上所述，覆岩的水平移动变形较复杂，并且现场岩层的水平观测数据极其有限，对于岩层内部的水平移动变形机理及变化规律仍不清楚。

覆岩垂直方向上的断裂带和弯曲下沉带的岩层虽然受采动影响发生弯曲变形，但是仍能够保持完整的层状结构，因此本书所探讨的采动岩层计算方法适用于断裂带和弯曲下沉带内的岩层。本书将岩层的移动简化为弹性板的曲面变形，假设在岩层的理论计算中，覆岩岩层的计算层面为一厚度不计的平面，类似于弹性力学中弹性板的中面，认为在岩层发生移动变形时，计算岩层形成曲面，曲面上只发生竖直位移 w，在 x 轴和 y 轴方向上无变形发生，即在 x 轴、y 轴的投影与变形前的位置是重合的，如图 6-2 所示。

从图 6-2 中可看出，岩层坐标（x，y）处取微单元面，面积为 $S=\mathrm{d}x\mathrm{d}y$。在采动影响下岩层发生弯曲变形，变形后原坐标位置的微单元面面积变为 S'，于是根据变形后该点的下沉曲面函数 w（x，y），利用面积的曲面积分得到变形后微单元面的面积 S'[159]：

$$S' = \sqrt{1 + \left(\frac{\partial w(x,\ y)}{\partial x}\right)^2 + \left(\frac{\partial w(x,\ y)}{\partial y}\right)^2}\,\mathrm{d}x\mathrm{d}y \tag{6-1}$$

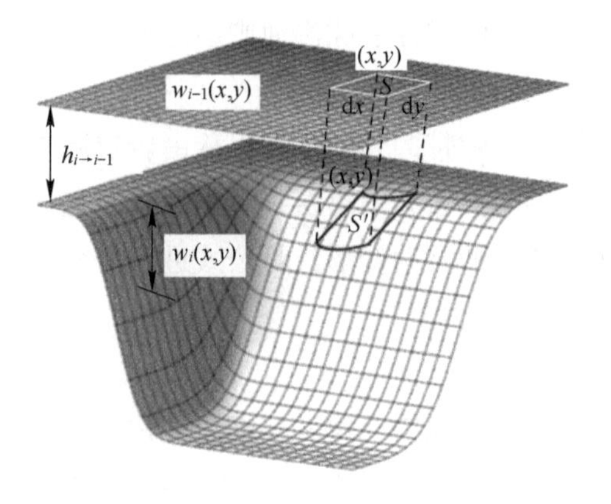

图 6-2 岩层变形前后微单元面的示意图

在充分采动的情况下，岩层变形后形成移动盆地，如图 6-2 所示。在下沉盆地的边缘区域，岩层受到的水平变形较大，当岩层受到的拉伸变形达到一定值时，会形成贯穿（垂直或斜交）岩层的断裂裂隙，可以根据采动后岩层曲面的变化量来衡量岩层的水平变形程度。因此定义采动岩层层面拉伸率 ε_S，即岩层变形后的曲面面积的增量与岩层总面积的比值：

$$\varepsilon_S = \frac{\sqrt{1 + \left(\dfrac{\partial w_i(x, y)}{\partial x}\right)^2 + \left(\dfrac{\partial w_i(x, y)}{\partial y}\right)^2}\,dxdy - dxdy}{\sqrt{1 + \left(\dfrac{\partial w_i(x, y)}{\partial x}\right)^2 + \left(\dfrac{\partial w_i(x, y)}{\partial y}\right)^2}\,dxdy}$$

$$= 1 - \left[1 + \left(\frac{\partial w_i(x, y)}{\partial x}\right)^2 + \left(\frac{\partial w_i(x, y)}{\partial y}\right)^2\right]^{-0.5} \tag{6-2}$$

式中，$w_i(x, y)$ 为煤层上方第 i 层岩层的下沉函数，m。

由于岩层的成岩时间及矿物成分不同，煤系地层形成了厚度不等且强度不同的多层岩层[227]，在地下煤层开采引起的采动影响下，覆岩在层状弯曲下沉的过程中，若相邻层组发生不同步的弯曲沉降，则会引起岩层沿层理裂开形成离层（离层裂隙）。对于相邻岩层来说，相邻岩层之间离层的出现势必会增加相邻岩层之间的距离，如图 6-2 所示。因此定义采动岩层层间拉伸率 ε_B，即由采动影响引起的相邻岩层层间离层量与其岩层层间距的比值，表达式为

$$\varepsilon_B = \frac{w_i(x, y) - w_{i-1}(x, y)}{h_{i\to i-1} + w_i(x, y) - w_{i-1}(x, y)} \tag{6-3}$$

式中，$h_{i\to i-1}$ 为下沉稳定后的相邻目标岩层中心距，m。

由式（6-2）和式（6-3）可知，本书提出的采动岩层层面拉伸率和层间拉伸率能够对采动岩层在水平和垂直方向的变形程度进行衡量，并且上述参数可以通过岩层的下沉曲面函数求得。相比较利用覆岩水平移动系数的求解方法，该方法简化了求解过程，且能够反映采动覆岩破坏的本质。

6.3 采动岩层拉伸率的分布规律

本节以裴沟矿 31071 工作面的地质及开采状况为背景，覆岩各层的计算参数见 2.3 节中表 2-1。煤层上覆岩层由软弱和坚硬岩层交替沉积而成，对于软弱岩层（比如砂质泥岩或泥岩）来说，其夹在两层坚硬岩层之间，运动形式与下层硬岩相同。因此本节将煤层上覆岩层中硬岩作为研究对象，对于硬岩上部的相邻软岩，认为其在采动影响下与下部硬岩发生同步变形。然后自煤层向上将上覆岩层中硬岩标记为 1~9 层，各层硬岩的计算参数见表 6-1。

表 6-1 覆岩硬岩计算参数

计算层序号	位置	岩性	厚度/m	岩层中心距/m	与煤层底板距离/m
0	煤层	二$_1$ 煤	7.50	0	0
1	顶板	中粒砂岩	8.00	21.50	21.50
2		细粒砂岩	6.50	11.25	32.00
3		细粒砂岩	7.50	17.00	49.50
4		中粒砂岩	15.00	31.75	85.00
5		中粒砂岩	16.50	45.75	131.50
6		细粒砂岩	21.00	34.25	168.00
7		细粒砂岩	6.50	43.75	204.50
8		细粒砂岩	9.00	48.25	254.00
9		细粒砂岩	6.00	27.50	280.00

将裴沟矿概率积分法参数（见表 4-5 和表 4-6）代入地表及覆岩任意点预计公式（5-4）中，计算得到上述 9 个硬岩岩层的下沉曲面。以下沉曲面的走向断

面为例进行分析，如图 6-3 所示，图中最大下沉值由小到大的曲线依次为硬岩岩层的下沉曲线。

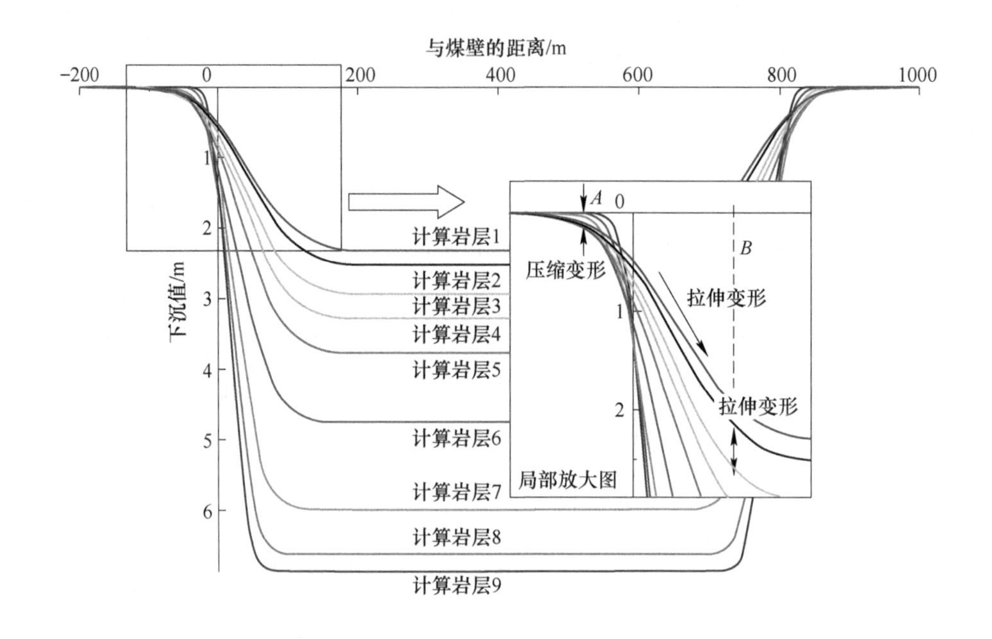

图 6-3 覆岩中硬岩岩层走向主断面下沉曲线

从图 6-3 中可以看出，随着岩层与煤层距离的增加，岩层的最大下沉值逐渐减小；从图中煤壁位置附近放大图来看，在竖直方向上，由于该工作面为非充分采动情况，使得煤壁投影处至 B 处之间区域内下部岩层下沉值大于上部岩层下沉值，说明该区域内会发生离层裂隙以及竖向拉伸变形。而煤壁前方 A 处附近下部岩层的下沉值小于上部岩层的下沉值，说明该区域附近岩层受到压缩变形，这种现象是煤壁前方一定区域内各岩层受到支承压力的作用产生压缩变形所致；在岩层层面的方向上，下沉后岩层由于裂隙扩展导致单位面积增大，产生拉伸变形。本节根据上述提出的覆岩移动变形预计模型，分别求得采空区上方硬岩的层面拉伸率和层间拉伸率，并对不同层位硬岩的层面拉伸率和层间拉伸率分布规律进行研究。

6.3.1 硬岩间层间拉伸率的分布规律

图 6-4 为上覆硬岩层之间层间拉伸率分布曲面的变化规律。从图 6-4（a）

煤层底板至岩层 1 的层间拉伸率分布中可以看出，采空区外侧边界层间拉伸率 ε_B 为负值，采空区外侧边界处岩层受到压缩变形，并且最大压缩变形发生在工作面下山位置，压缩率为 0.082。工作面上山位置的压缩变形值最小，走向方向上煤壁前方的压缩变形量相等。采空区正上方的层间拉伸率表现为工作面倾向上山位置的层间拉伸率大于工作面下山位置的层间拉伸率，走向上两侧的层间拉伸率 ε_B 相等，整个岩层间的层间拉伸率 ε_B 最大值出现在采空区倾向和走向的交点处，最大值为 0.326m。

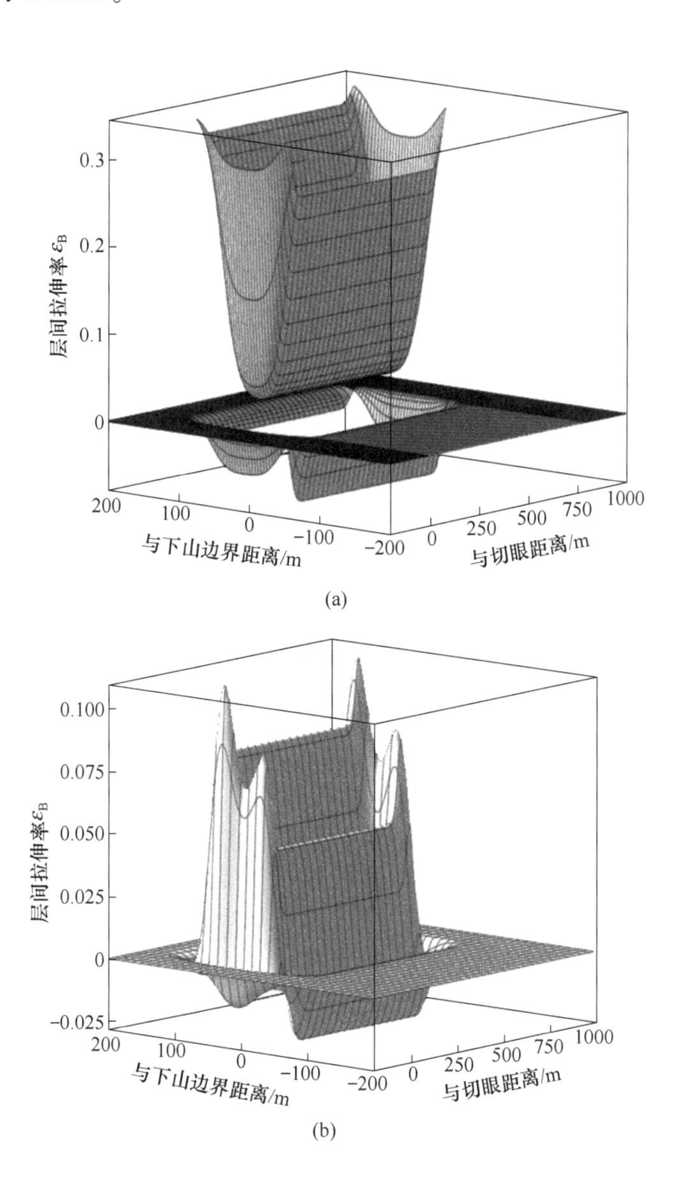

(a)

(b)

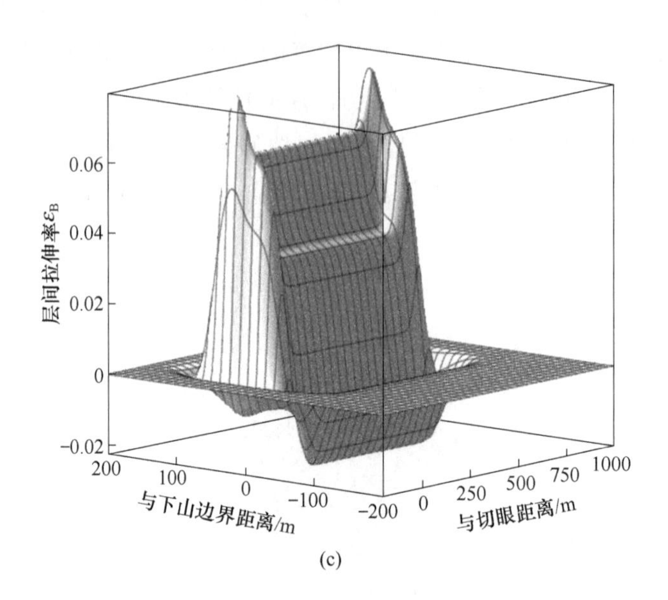

层间拉伸率ε_B
0.06
0.04
0.02
0
−0.02
200
100
0
−100
−200
与下山边界距离/m
0
250
500
750
1000
与切眼距离/m

(c)

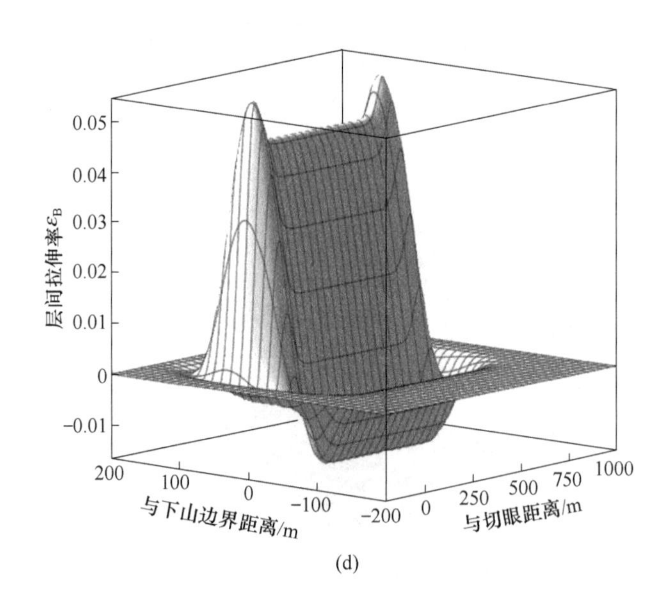

层间拉伸率ε_B
0.05
0.04
0.03
0.02
0.01
0
−0.01
200
100
0
−100
−200
与下山边界距离/m
0
250
500
750
1000
与切眼距离/m

(d)

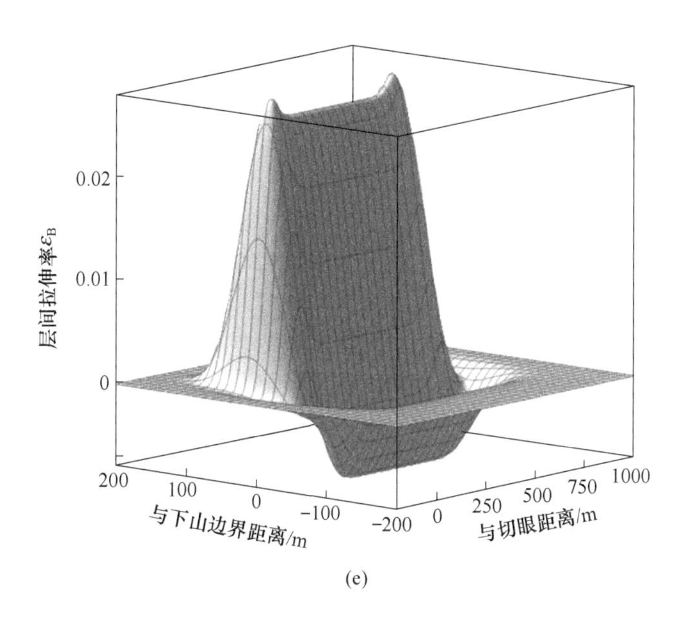
0.02
0.01
0
层间拉伸率ε_B
200
100
0
−100
−200
与下山边界距离/m
0
250
500
750
1000
与切眼距离/m
(e)

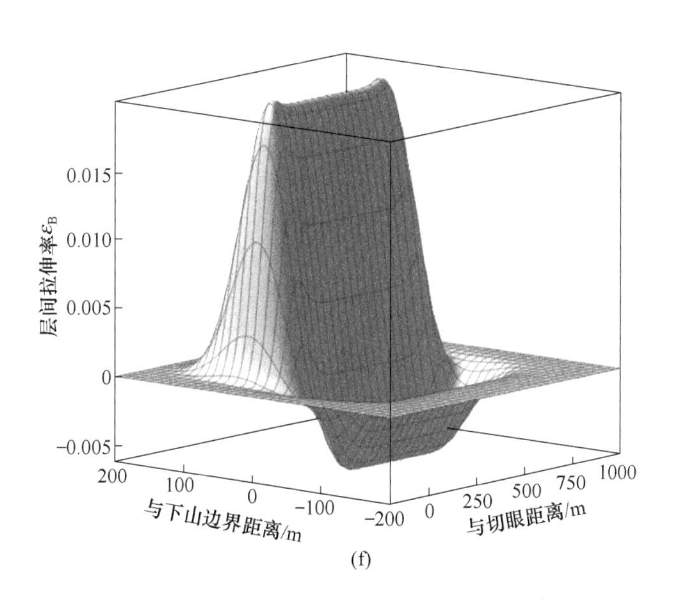
0.015
0.010
0.005
0
−0.005
层间拉伸率ε_B
200
100
0
−100
−200
与下山边界距离/m
0
250
500
750
1000
与切眼距离/m
(f)

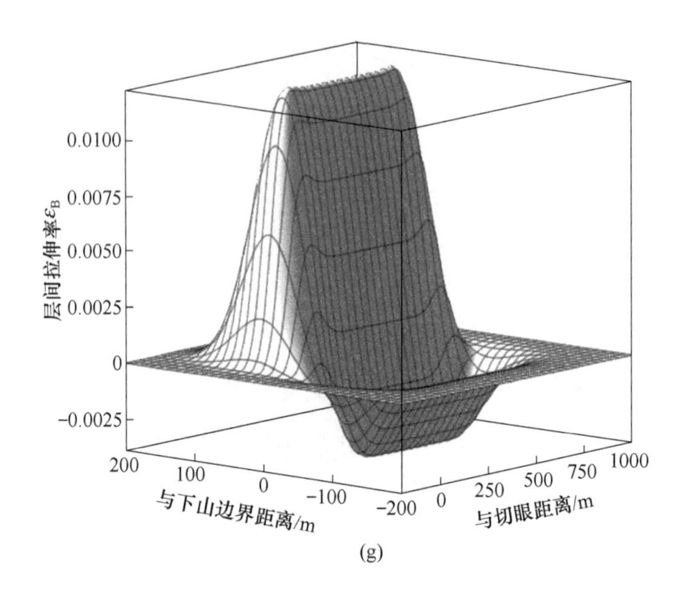
0.0100
0.0075
0.0050
0.0025
0
−0.0025
层间拉伸率ε_B
200
100
0
−100
−200
与下山边界距离/m
0
250
500
750
1000
与切眼距离/m
(g)

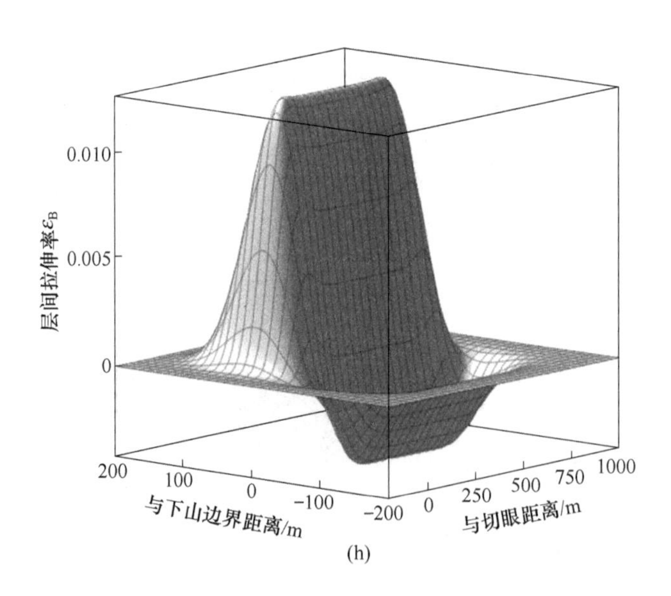
0.010
0.005
0
层间拉伸率ε_B
200
100
0
−100
−200
与下山边界距离/m
0
250
500
750
1000
与切眼距离/m
(h)

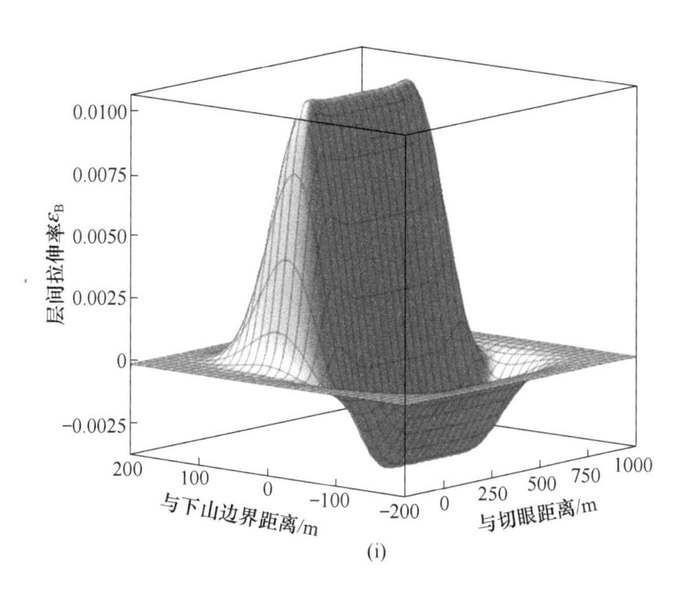

(i)

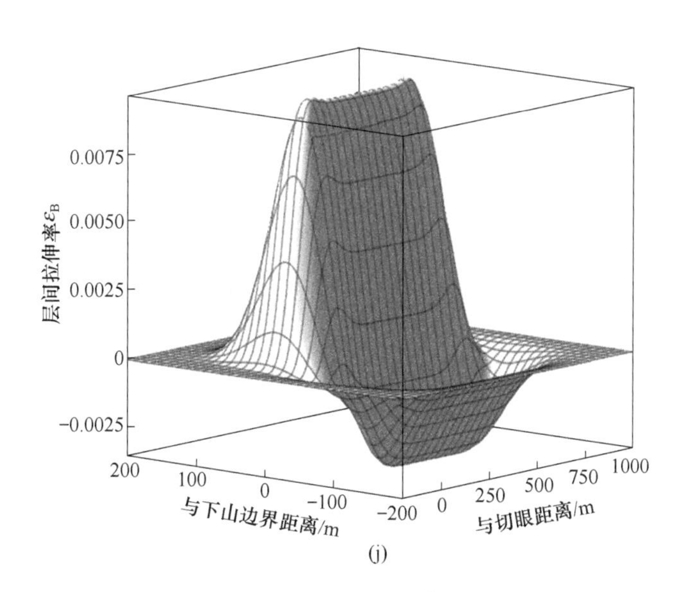

(j)

图 6-4 上覆硬岩层之间层间拉伸率变化规律

(a) 岩层 0~岩层 1; (b) 岩层 1~岩层 2; (c) 岩层 2~岩层 3; (d) 岩层 3~岩层 4;
(e) 岩层 4~岩层 5; (f) 岩层 5~岩层 6; (g) 岩层 6~岩层 7; (h) 岩层 7~岩层 8;
(i) 岩层 8~岩层 9; (j) 岩层 9~地表

对比图 6-4（b）~（d）发现，岩层层间拉伸率最大值主要集中于采空区边角位置，层间拉伸率分布曲面在走向和倾向上均出现“双波峰”形状，并且不同硬岩采空区上山方向的层间拉伸率均大于下山方向的层间拉伸率，并且在倾向方向上采空区上方层间拉伸率分布形状表现为“双波峰”形状。随着岩层与煤层距离的增大，采空区上方层间拉伸率“双波峰”形状逐渐减弱，图 6-4（d）中倾向方向的“双波峰”形状已经消失。在图 6-4（d）~（j）中，倾向方向上层间拉伸率表现为上山方向为正，下山方向为负。当采动覆岩距离煤层较近时，岩层之间的不协调下沉形成“O”形圈，如图 6-4（a）和（b）所示。在煤层存在一定倾角的情况下，随着岩层与煤层距离的增加，下山方向“波峰”逐渐消失，岩层离层现象越来越不明显，说明煤层倾角对采动裂隙“O”形圈的影响明显[228]。

随着与煤层距离的增大，岩层最大层间拉伸率以及煤壁前方的最小层间拉伸率（最大压缩率）也发生变化：

从图 6-5（b）走向方向上不同岩层层间拉伸率最大值所在断面可以看出，随着岩层与煤层的距离增加，岩层最大层间拉伸率呈逐渐减小趋势，而且减小的幅度逐渐变缓。距离煤层 280m 区域层间拉伸率最小，接近地表的区域（即埋深 20m 以下）最大层间拉伸率反而增大，分析认为主要是近地表处岩体上部为自由面，在采动影响下近地表岩体产生较多裂隙（岩层面或者斜交与层面），并在地表工作面边界附近产生斑缝，采动裂隙的存在使得近地表岩层体积膨胀加大，造成层间拉伸率较大。

采空区中间岩层在上覆岩层的作用下逐渐被压实，表现为采空区中间区域的层间离层率较为平缓。从图 6-5（a）可以看出，由于岩层具有一定的结构，能够形成悬臂梁结构，所以距离煤层较近的岩层在煤壁处产生较大的离层，表现为层间拉伸率最大值主要分布在两煤壁靠近采空区一侧，呈现“双波峰状”分布。但是当岩层与煤层距离较大时，煤壁侧与采空区中间区域的层间拉伸率的差值逐渐减小，波峰峰状曲线的波峰位置逐渐向采空区中心靠拢，与煤壁的距离由最初的 43.05m 增加到近地表处的 150.63m。并且距离地表较近岩层的层间拉伸率呈“平拱状”分布。

由于煤层倾角的存在，岩层发生运动时总是偏向煤层下山方向，使得岩层的层间拉伸率上山方向大于下山方向。图 6-6 为倾向方向上不同岩层层间拉伸率断面，从图 6-6（a）可以看出，随着岩层与煤层距离的增加，岩层最小层

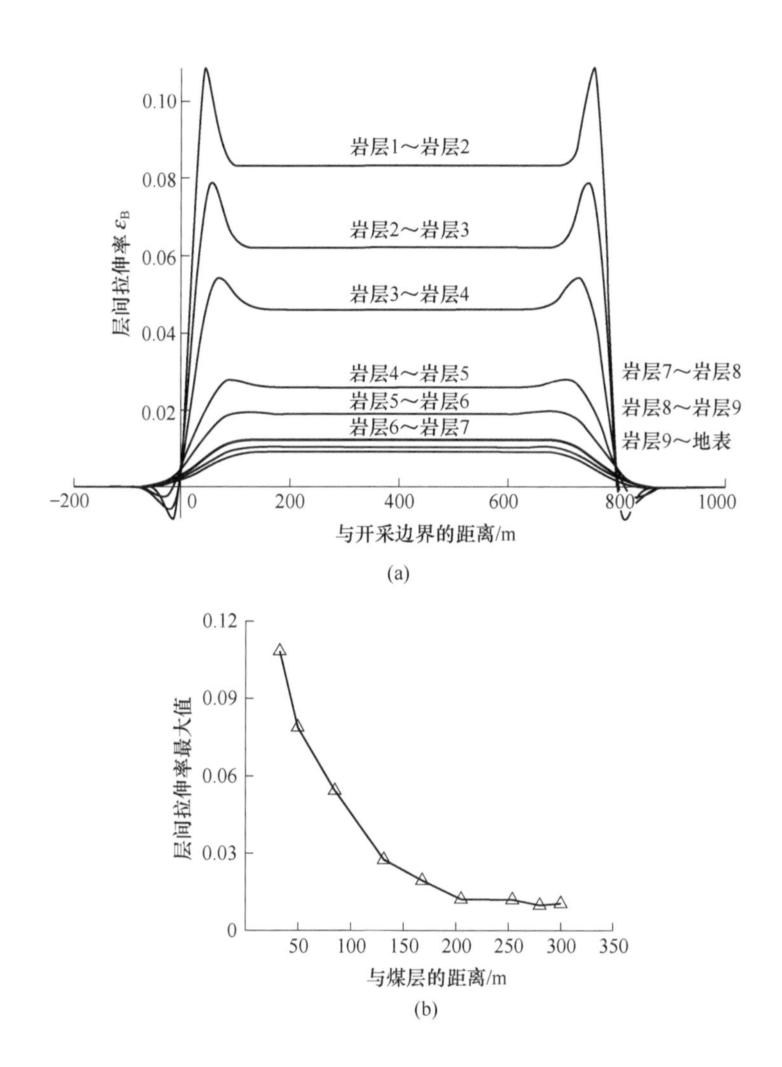

图 6-5 走向方向上不同岩层层间拉伸率断面及统计值

（a）层间拉伸率断面；（b）层间拉伸率最大值

间拉伸率逐渐减小，并且其最大值由上山一侧逐渐向采空区中央偏移，与下山边界的距离由最初的 93.92m 减小到近地表处的 31.99m。另外岩层向下山方向运动同样会造成下山方向上煤壁前方岩层发生一定的压缩变形。从图 6-6（b）可以看出，在下山方向煤壁前方不同埋深岩层的层间拉伸率 ε_B 为负值，并且随岩层与煤层距离的增加，层间拉伸率 ε_B 值逐渐减小，即压缩变形逐渐减小。

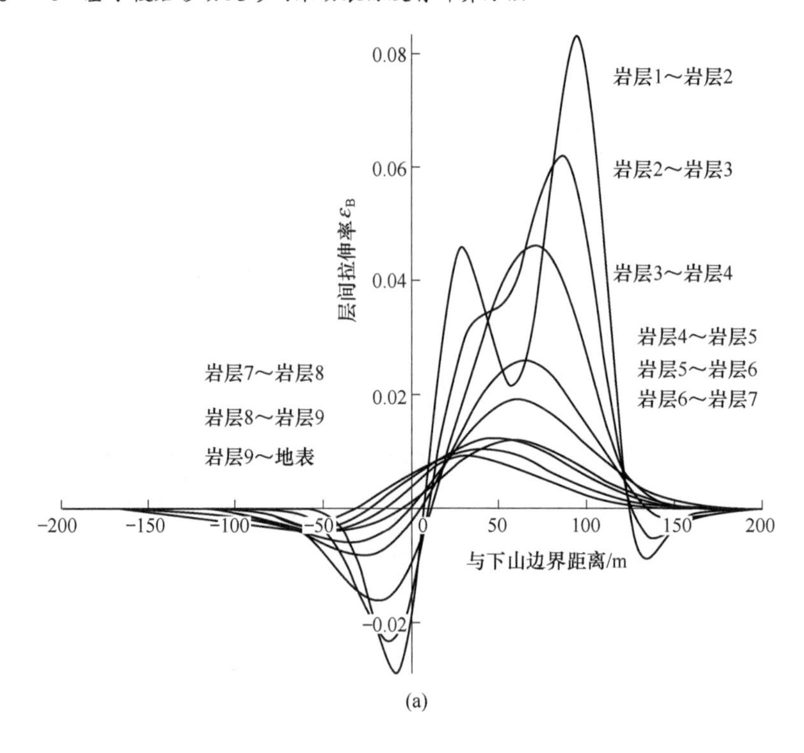

(a)

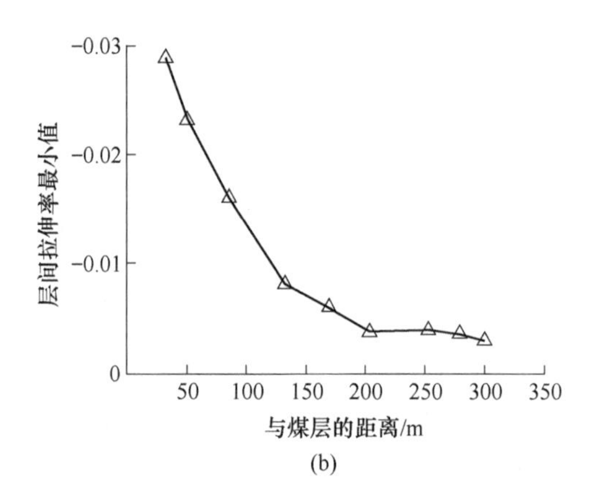

(b)

图 6-6　倾向方向上不同岩层层间拉伸率断面及统计值

（a）层间拉伸率断面；（b）层间拉伸率最小值

6.3.2　硬岩间层面拉伸率的分布规律

由于硬岩各岩层层面拉伸率分布曲面性质类似，所以本书列举了与煤层距离分别为 49.5m 和 280m 硬岩的层面拉伸率曲面，如图 6-7 所示，对比（a）和（b）两图可以看出，采空区上方层面拉伸率在倾向主断面上出现两个波峰，其中上山侧波峰的层面拉伸率较大，其次为下山侧波峰值，而走向主断面的波峰值最小。

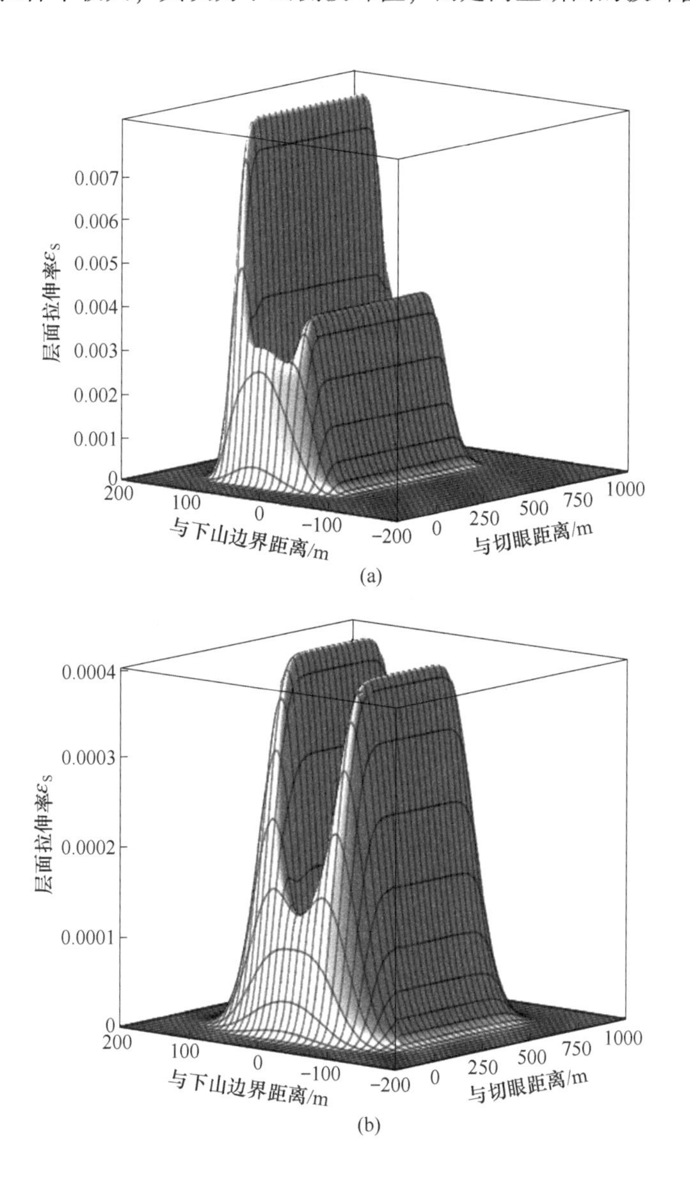

图 6-7　上覆硬岩层层面拉伸率分布图

（a）与煤层距离 49.5m；（b）与煤层距离 280m

由于在开采扰动下，不同埋深岩层的运动形式各不相同，覆岩不同岩层的层面拉伸率分布规律也不尽相同。图 6-8 为倾向主断面层面拉伸率变化规律图，从图中可以看出，随着与煤层距离的增加，岩层上山侧和下山侧最大层面拉伸率均逐渐减小。其中上山侧最大层面拉伸率的变化规律如图 6-9 所示，可以看出层面拉伸率最大值随岩层与煤层距离的增大而减小，而且减小的幅度逐渐变缓；从上山侧和下山侧的波峰变化规律来看，上山侧和下山侧层面拉伸率的比值也是随着岩层与煤层距离的增加而逐渐减小的，如图 6-10 所示。

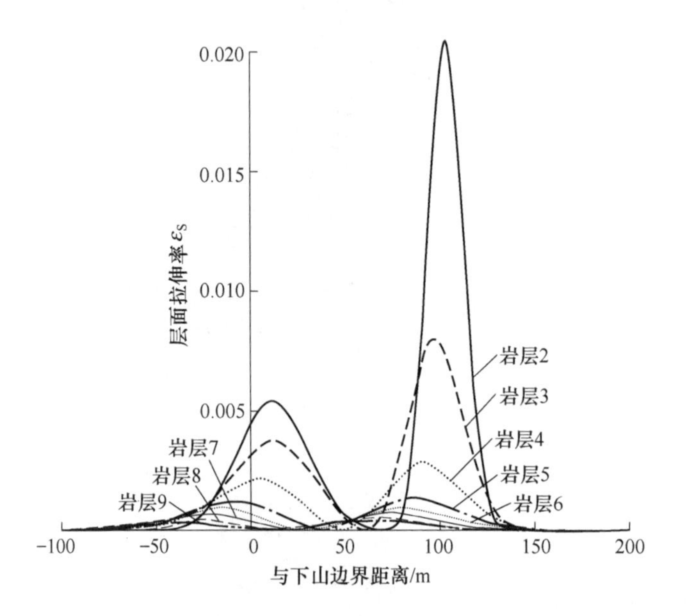

图 6-8　倾向主断面不同岩层层面拉伸率

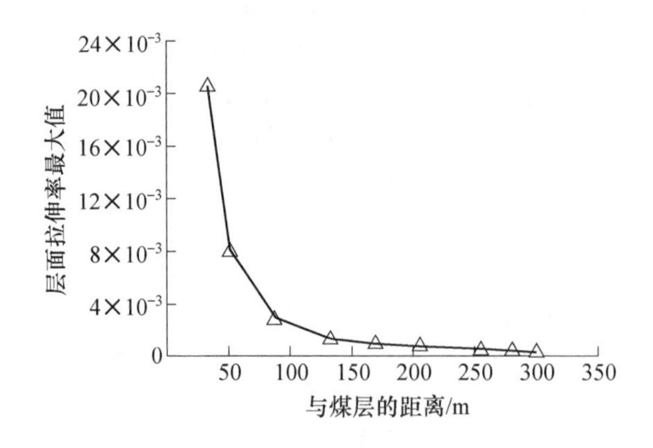

图 6-9　上山侧最大层面拉伸率变化规律

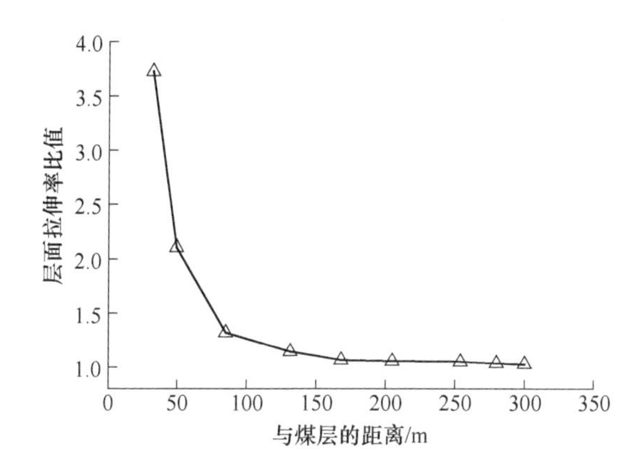

图 6-10 上山侧与下山侧层面拉伸率最大值的差异百分比

若以岩层层面拉伸率来衡量覆岩采动裂隙的发育程度，可以依据层面拉伸率临界的大小判定覆岩是否产生贯通层面的裂隙，这对于采空区上部导水裂隙带发育高度具有指导作用。此外覆岩层面拉伸率的位置变化同样重要，可以确定覆岩不同岩层采动裂隙发育的区域，为瓦斯治理中高位抽放巷以及高位抽放钻孔的布置位置提供参考。

从覆岩最大层面拉伸率的位置变化来看，图 6-8 中层面拉伸率双波峰位置逐渐向下山方向偏移，以上山侧峰值位置为例，由岩层 2 的 102. 5m 减小到地表的 57. 7m。但是两波峰峰值相对位置变化不大，一般在 107. 1m 左右。从图 6-11 走向方向上不同岩层最大层面拉伸率分布中可以看出，随着与煤层距离的增加，位于切眼中心附近的走向断面的层面拉伸率峰值逐渐减小，并且两峰值位置逐渐向采空区中心靠近，以岩层最大层面拉伸率位置与开切眼的距离为例，由岩层 1 的 19. 2m 增加到地表处的 41. 8m。

从图 6-8 和图 6-11 可以看出，无论是走向主断面层面拉伸率还是倾向主断面层面拉伸率，随着岩层与煤层距离的增大，其峰值大小是逐渐减小的。但是层面拉伸率分布曲线的形态却逐渐变缓，说明在距离煤层较近的岩层，裂隙开度和密度较大，采动裂隙岩层面的扩展范围较小。随着岩层与煤层距离的增大，覆岩采动裂隙虽然开度和密度较小，但是沿层面的影响范围较大。

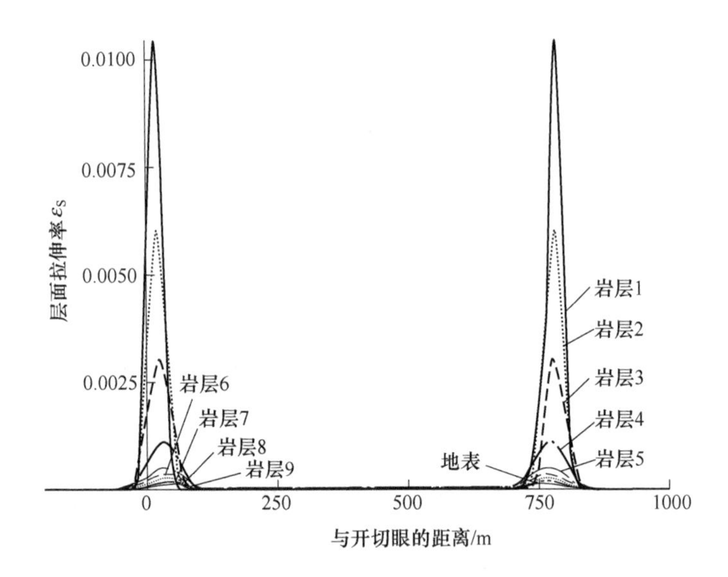

图 6-11 走向主断面不同岩层层面拉伸率

6.4 岩层拉伸率与裂隙导水性的关系

覆岩导水裂隙带的形成主要是由于煤层开采后上部岩层在采动影响下发生一定的移动变形，进而引起覆岩的破断，形成沿层面的离层裂隙以及斜交于层面的竖直裂隙。考虑到覆岩导水裂隙带主要用于评价上部岩体及地表水体对采空区的影响，覆岩导水裂隙带发育主要由层面拉伸率决定，可将导水裂隙带顶界的岩层层面拉伸率最大值作为层面拉伸率临界值，以此来判断覆岩是否产生破坏形成导水裂隙。

裴沟矿 31071 工作面上方有小（二）型水库——魔洞王水库。为了确保开采水库下压煤工作面时井下的安全生产，需对魔洞王水库下采煤的安全性进行评价。31071 工作面作为本采区的试采工作面，水库与工作面相对位置如图 6-12所示。同时为了掌握本地区地表岩移参数，工作面回采之前，工作面上方地表布置走向观测线和倾向观测线，具体位置如图 4-15 所示。工作面开采前及开采期间进行了 23 次全面测量，得到地表移动变形的一手数据，为获得地表概率积分法预计参数提供了基础数据，概率积分法预计参数见表 4-5 和表 4-6。

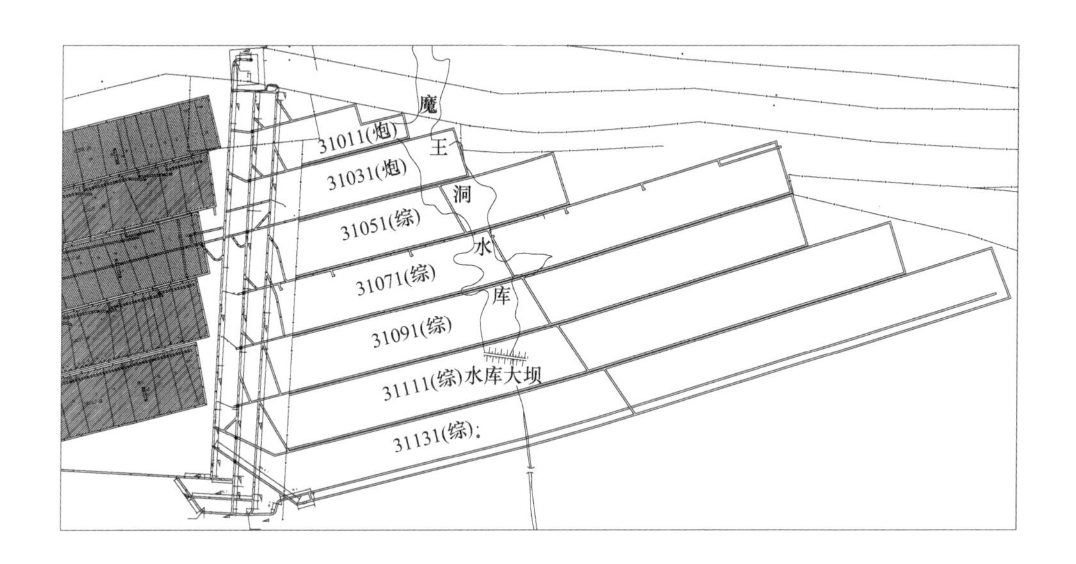

图 6-12　31071 工作面与魔洞王水库相对位置

由图 6-9 中层面拉伸率最大值的分布规律可知，该曲线的层面拉伸率变化均匀，说明各岩层的层面拉伸率变化较为规则。本书假定覆岩导水裂隙的发育与岩层的移动变形（层面拉伸率）有关，于是可以用岩层移动变形参数的临界值来判定采动裂隙的导水性，且岩层移动变形参数忽略岩层内软硬岩层导水性的差别，认为岩层移动变形参数临界值的大小与覆岩整体岩性有关。

对于不同埋深水平岩层的层面拉伸率，可将覆岩移动变形计算模型代入式（6-2）求得，即

$$\varepsilon_S(h) = 1 - \left[1 + \left(\frac{\partial w(x,\ y,\ h)}{\partial x}\right)^2 + \left(\frac{\partial w(x,\ y,\ h)}{\partial y}\right)^2\right]^{-0.5} \tag{6-4}$$

式中　　h——计算水平与倾斜煤层平均采深的距离，m；

$w(x,\ y,\ h)$——与煤层不同距离 h 岩层的下沉函数，m。

式（6-4）中 $w(x,\ y,\ h)$ 可由覆岩概率积分法参数计算式（5-17）、式（5-21）和式（5-22）代入式（5-2）求得。

该矿为了评价后续工作面顺序开采引起的覆岩导水裂隙带对井下安全生产的影响，在该采区下部 31131 工作面回采结束后在下山方向边界施工顶板钻孔，运用钻孔电视的观测方法，对覆岩的导水裂隙带发育高度进行观测，通过

对钻孔内裂隙发育程度的判断得到该工作面的裂采比为 8.6。因此利用该矿地表概率积分法参数计算得到该工作面导水裂隙带发育顶界覆岩层面拉伸率的分布函数。

图 6-13 为 31131 工作面开采后导水裂隙带发育顶界泥岩岩层的层面拉伸率分布曲线，从图中可以看出，在下山方向边界附近导水裂隙带发育的层面拉伸率临界值 ε_S'为 0.28%。

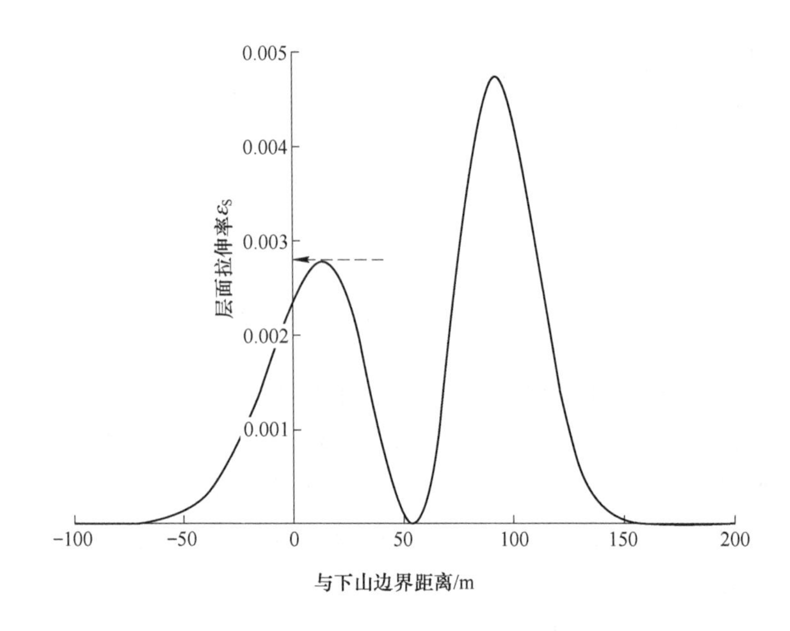

图 6-13 煤层下山方向导水裂隙带发育的层面拉伸率临界值

6.5 覆岩采动裂隙发育计算方法

采动裂隙一般包括两类：一类为垂直或斜交于岩层层面的竖向破断裂隙，沟通了相邻岩层之间的水力和瓦斯等流体。另外一类就是岩层间的离层裂隙，为卸压瓦斯或者裂隙水提供流动通道[3,229]。本书在 6.4 节对覆岩导水裂隙带的判定标准进行了研究，本节将重点分析倾斜工作面倾向开采距离不同时，导水裂隙带发育高度的变化，为煤矿现场水体下采煤提供理论参考；另外对导水裂隙带发育形态以及离层裂隙形态的变化规律进行研究，以期为采动裂隙有关的防治水和瓦斯抽采提供借鉴。

6.5.1 覆岩导水裂隙带发育高度变化规律

6.5.1.1 31071 工作面开采后导水裂隙带发育高度

从图 6-7 不同硬岩的层面拉伸率分布中可以看出，在倾向主断面可以得到覆岩不同岩层的层面拉伸率在上山侧和下山侧的最大值；可以得到与切眼距离为 400m 时断面不同埋深水平的层面拉伸率分布函数 $\varepsilon_S(h)\ |_{x=400}$，将 31071 工作面的开采参数及地表概率积分法参数代入，并根据层面拉伸率临界值 ε_S'进行导水裂隙带发育顶界岩层的位置判断，具体见图 6-14。

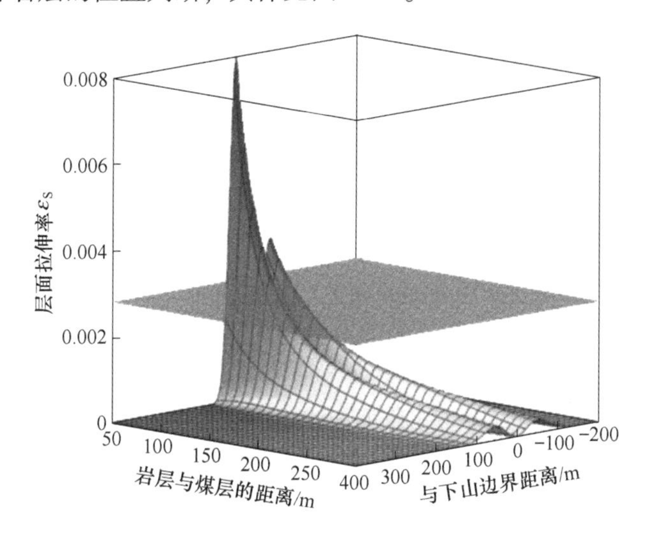

图 6-14 覆岩层面拉伸率分布曲面与临界值面的位置

图 6-14 中层面拉伸率临界值 ε_S'的界面（中间灰色水平面）与不同埋深水平岩层层面拉伸率分布曲面的交界位置即为导水裂隙带顶界的位置，从而能够确定上山侧和下山侧导水裂隙带高度，如图 6-15 所示。

从图 6-15 可以看出倾斜煤层开采覆岩导水裂隙带发育高度在上山侧和下山侧有所不同，下山侧裂隙带高度小于上山侧裂隙带高度，对应的裂采比分别为 11.1 和 9.1。在倾斜煤层开采中判断采空区是否与上部地表及岩体水体导通时，通常用上山侧的导水裂隙带发育高度值，因此本书将上山侧的导水裂隙带高度统称工作面开采后的导水裂隙带高度值。

综上所述，计算得到 31071 工作面的导水裂隙带发育高度为 68.4m，根据覆岩结构得知，导水裂隙带发育顶界岩层为中粒砂岩。

通过总结，本书提出基于覆岩移动变形的采动裂隙发育计算方法：首先获取

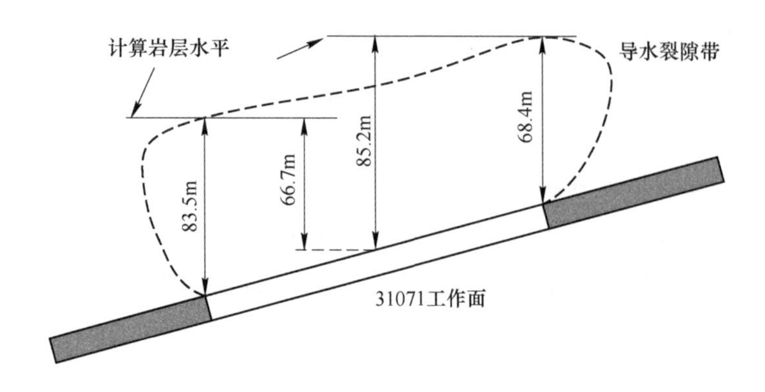

图 6-15 31071 工作面导水裂隙带发育高度

本矿井或者周围矿井的地表岩移参数，代入覆岩移动变形预计模型。利用覆岩移动变形预计模型求得覆岩不同埋深水平层面拉伸率分布函数，最后通过层面拉伸率临界值确定覆岩导水裂隙带发育高度。

6.5.1.2 后续开采导水裂隙带发育高度

裴沟矿 31071 工作面为该采区的首采工作面，工作面开采过后并未发现上方水库水位有明显的变化，在井下工作面测水站测得开采期间涌水量稳定在 $70m^3/h$，工作面推进过程中无明显变化，可以判定导水裂隙带未发育至地表。但是随着该工作面周围煤层的开采，导水裂隙带发育高度是否会继续增加？增加多少？目前尚无针对此种情况的研究方法。本节利用上述基于覆岩移动变形的采动裂隙计算方法，对倾向不同开采宽度的开采区域进行计算，以此来研究开采空间不同时，覆岩导水裂隙分布及导水裂隙带发育高度的变化规律。如图 6-16 所示，将上述对 31071 工作面的计算定为预计方案一，开采工作面 31071 和工作面 31051 为预计方案二，预计方案三为开采 31071、31051、31031 三个工作面。

对方案二和方案三进行简化，方案二和方案三倾向开采宽度分别为 260m 和 390m，煤层倾角为 15°。通过式（6-4）可以得到方案二和方案三开采覆岩层面拉伸率分布函数，并通过层面拉伸率临界值 ε'_S对导水裂隙带发育高度进行判断，如图 6-17 所示。

从图 6-17 可以看出，方案二开采层面拉伸率临界值 ε'_S（0.28%）对应计算水平与煤层的距离为 132.8m，计算得到方案二的导水裂隙带发育高度为 99.2m。方案三开采层面拉伸率临界值 ε'_S（0.28%）对应计算水平与煤层的距离为 191.3m，计算得到方案三的导水裂隙带发育高度为 140.8m。

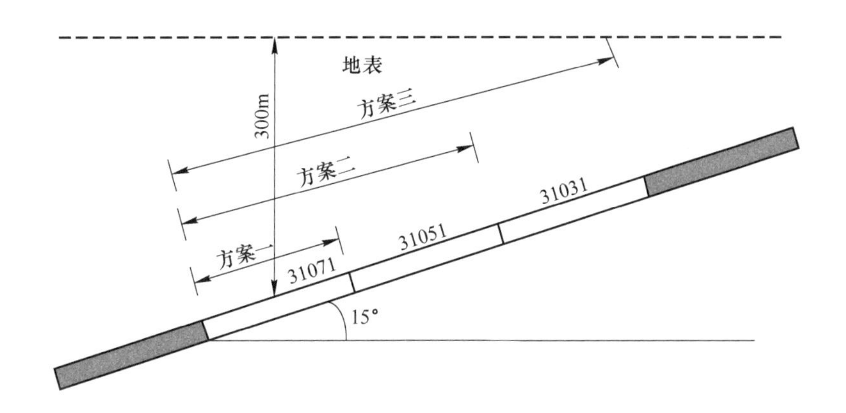

图 6-16 预计方案工作面位置

由开采沉陷理论可知，上覆岩层的破坏与开采空间的大小有关，随着倾向工作面开采尺寸的增大，势必引起覆岩破坏范围的增大。以层面拉伸率临界值 ε_S'(0.28%)为判断指标时，随着工作面倾向开采距离从 130m 增加到 390m，开采空间上山埋藏深度的减小，覆岩导水裂隙带发育高度逐渐增加，方案三开采的导水裂隙带高度最大，其值为 140.8m，距离地表水体的距离为 75.1m，并且中间赋存较厚的泥岩和砂质泥岩，能够作为隔水层隔离水体与采空区的水力沟通。

上述对不同开采方案的导水裂隙带高度进行了计算，接下来将上述结果与传统经验算法进行比较。

根据 31071 工作面附近钻孔柱状图统计分析（表 2-1），得到上覆岩层主要由中、细粒砂岩和砂质泥岩、泥岩等岩层组成。其中较软弱的砂质泥岩和泥岩层厚度占覆岩总厚度的 58%，可以根据规程[114]计算得到覆岩综合评价系数 P 为 0.56，认为裴沟矿 31071 工作面的覆岩性质为中硬，但偏于软弱。《建筑物、水体、铁路及主要井巷煤柱留设与压煤开采规程》（以下简称“三下”规程）通过大量的现场资料总结出缓倾斜条件下导水裂缝带高度预计公式，中硬岩性导水裂隙带高度计算公式为

$$H_{li} = \frac{100\sum M}{1.6\sum M + 3.6} \pm 5.6 \tag{6-5}$$

以及

$$H_{li} = 20\sqrt{\sum M} + 10 \tag{6-6}$$

式中，H_{li}为导水裂隙带高度，m；M 为煤层开采累积厚度，m。

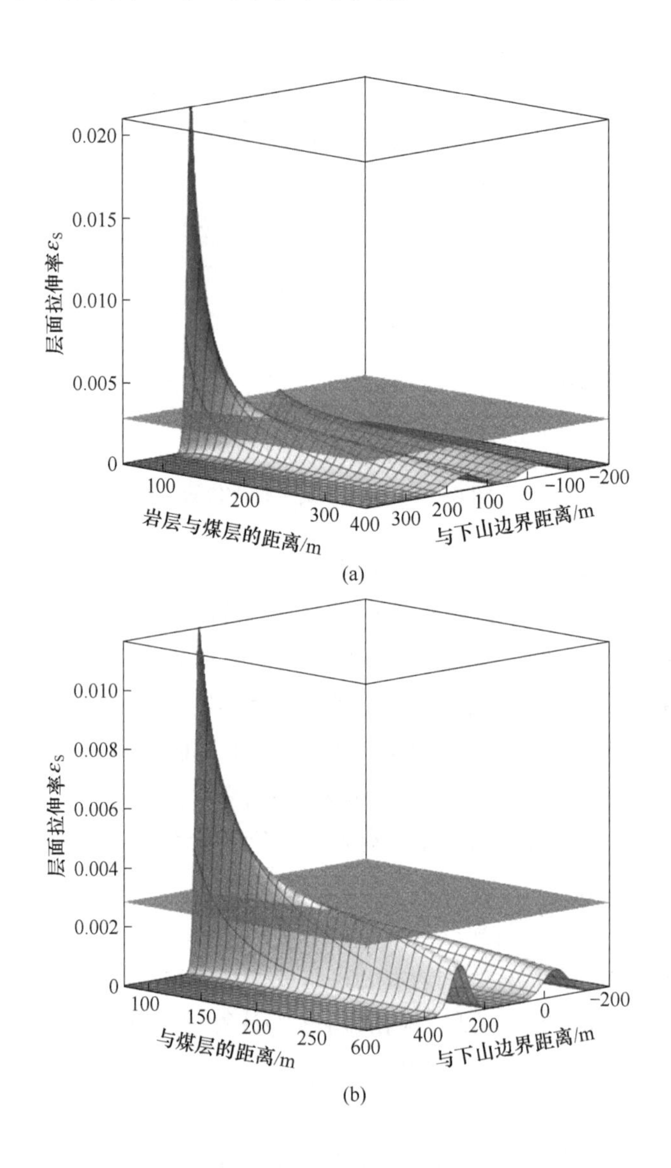

图 6-17 不同方案开采覆岩倾向主断面导水裂隙带发育高度

（a）方案二；（b）方案三

式（6-5）和式（6-6）导水裂隙带计算公式适用条件：单层采厚小于3m，累积采厚小于15m。考虑到综放大采高开采时上覆岩层破坏高度与分层开采相比更为严重，因此式（6-5）中计算公式的误差项按正号取值。计算得到裴沟矿不同开采方案导水裂隙带发育高度，并与本书计算方法进行比较，具体见表 6-2。

表 6-2 不同计算方法导水裂隙带高度对比

开采方案	本书方法/m	“三下”规程/m		误差率/%	
		式（6-5）	式（6-6）	式（6-5）	式（6-6）
方案一	68.4	53.68	64.78	21.52	5.29
方案二	99.2	53.68	64.78	45.89	34.70
方案三	140.8	53.68	64.78	61.88	53.99

从表 6-2 中可以看出，方案一开采后，本书计算方法与“三下”规程（以下简称“经验方法”）所得到的导水裂隙带高度相差不大，本书方法计算值与式（6-6）计算值仅相差 5.29%。但是方案二和方案三计算值与经验方法得到的计算值的误差率越来越大，尤其是与式（6-5）计算值的误差率分别为 45.89% 和 61.88%。分析认为经验方法中仅考虑开采高度 M 这一因素，而未考虑倾向开采尺寸、煤层埋深以及煤层倾角这三个因素。倾斜煤层开采中，倾向开采尺寸逐渐增大、煤层埋深逐渐减小的情况下，势必会使覆岩移动变形增大，覆岩内采动裂隙发育高度增加。

6.5.2 覆岩采动裂隙发育形态变化规律

6.5.2.1 采动覆岩导水裂隙带发育规律

上述确定了三种开采方案的导水裂隙带高度，可以通过三种开采方案的岩层层面拉伸率曲面形态变化对覆岩导水裂隙带发育规律进行研究，具体如图 6-18 所示。

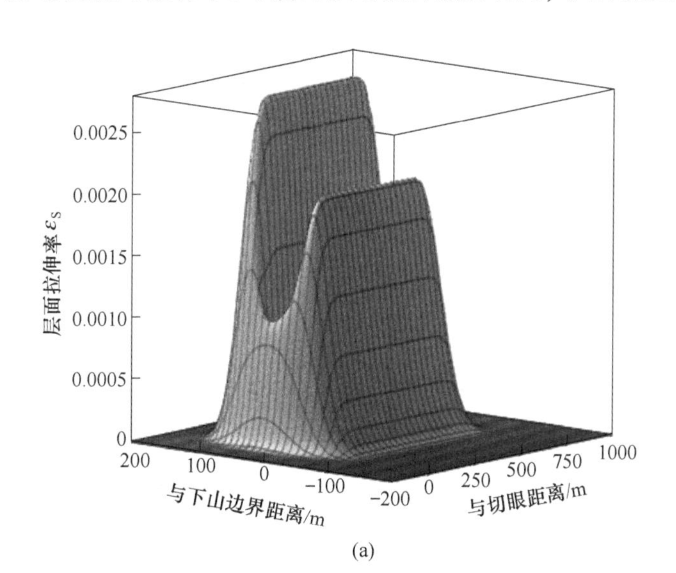

(a)

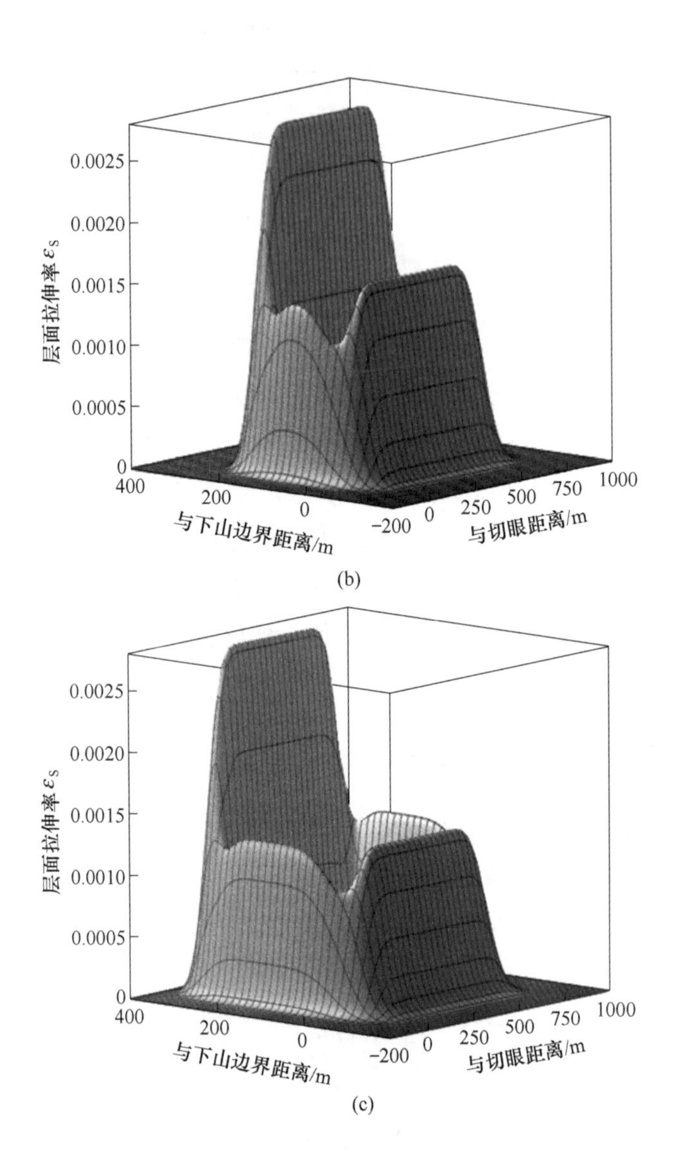

(b)

(c)

图 6-18 倾向不同开采尺寸下导水裂隙带顶界裂隙发育形态

(a) 开采方案一；(b) 开采方案二；(c) 开采方案三

从图 6-18 中可以看出，由于倾向方向开采尺寸的增大，走向主断面最大层面拉伸率与倾向主断面最大层面拉伸率平均值的比值分别为 0.45、0.64 和 0.63，说明当倾向开采长度较小时，走向方向的采动裂隙相对于倾向来说较少。随着煤层倾向开采空间的增大，开采煤层埋深的减小，三者呈现出同步增大的趋势。但较煤层倾向的裂隙增长速度来说，煤层走向方向裂隙发育增长较快。倾斜煤层上山的埋深逐渐减小，使得倾向方向上山侧和下山侧的岩层层面拉伸率比值越来越大，其比值分别为 1.31、1.71 和 2.11。说明岩层层面拉伸率与煤层的埋深有很大关系。在倾向开采达到一定距离后，岩层纵向裂隙发育程度为走向方向<倾向下山侧<倾向上山侧。

当埋藏较浅时，层面拉伸率加大，因此采动裂隙发育程度较大，若开采上山边界与上部水体的距离小于防水煤岩的高度，则极易在煤层上山方向产生突水通道。

6.5.2.2 采动覆岩离层裂隙发育规律

从图 6-19（b）和（c）可知，随着倾向开采范围的增大，岩层采动程度逐渐增大，在采空区中心附近，岩层下沉盆地出现盆地形状，因此层间拉伸率在采空区中心附近呈台阶形状分布。通过三种开采方案导水裂隙带顶界层间拉伸率最大值的分析，三个开采方案层间拉伸率分布为 3.82%、2.41%和 1.95%。说明随着倾向开采空间的增大，导水裂隙带顶界的离层率变小，导水裂隙带水平方向的影响范围越来越小。图 6-19 中三种方案下山侧的层间拉伸率均小于零，说明由于煤层倾角的存在，在上山侧岩层随着埋深的减小，岩层的下沉值逐渐增大，岩层逐层受到压缩变形。根据上述分析总结，采空区上覆岩层的离层裂隙发育程度为倾向下山侧<走向方向<倾向上山侧。

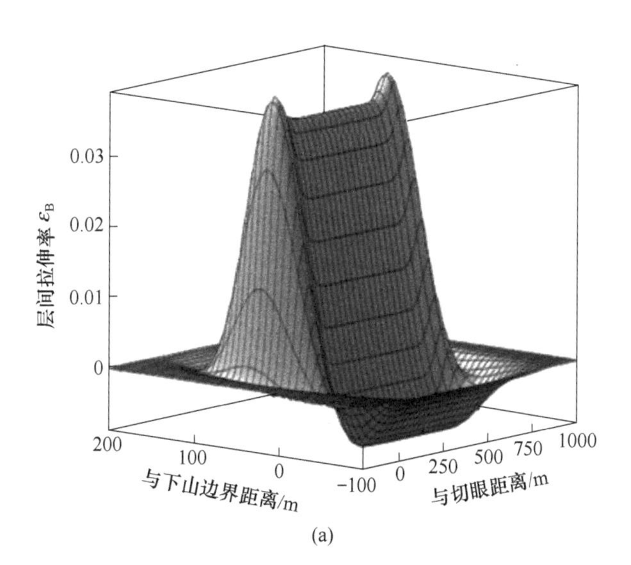

(a)

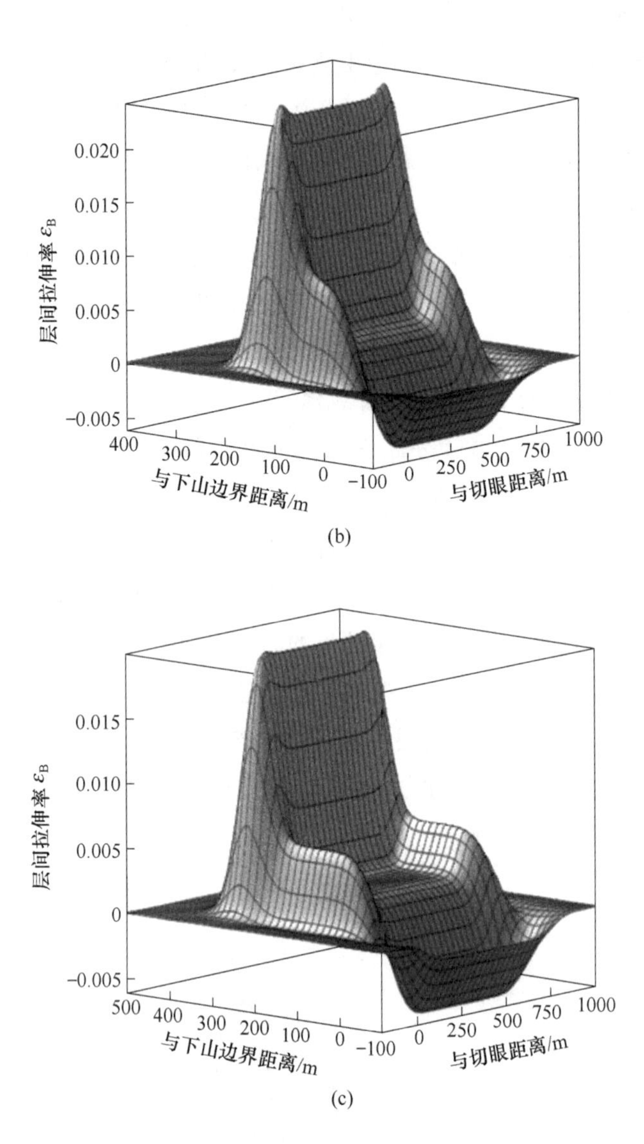

图 6-19 走向不同开采尺寸下导水裂隙带顶界离层发育形态

(a) 开采方案一；(b) 开采方案二；(c) 开采方案三

由研究成果［229］知，层间拉伸率表征了相邻岩层之间的离层发育程度，离层裂隙使相邻煤岩体产生膨胀变形，从而有利于卸压瓦斯沿离层发生流动汇集。实际应用方面，可以为工作面采用顶板高抽巷或者抽放钻孔抽采卸压瓦斯提供理论参考。

6.6 覆岩导水裂隙带发育的影响因素分析

根据覆岩移动变形的计算模型，认为在特定地质条件下，影响覆岩移动变形的开采参数主要有煤层倾角、工作面埋深、倾向宽度、采高。因此本书研究上述4个影响因素变化时覆岩导水裂隙带发育变化规律。

6.6.1 煤层倾角对覆岩导水裂隙带发育的影响

为了探究煤层倾角变化时工作面开采导水裂隙带发育高度的变化规律，以31071工作面的开采为背景，在此假定下列条件不变：工作面平均埋深为300m，工作面倾斜宽度130m，地表移动变形的概率积分法参数仍参考表4-5和表4-6。通过改变煤层倾角 α 的大小，来分析煤层倾向变化时工作面导水裂隙带发育的规律。取倾向主断面不同埋深水平的层面拉伸率分布函数 $\varepsilon_S(h)|_{x=400}$，计算得到覆岩倾向主断面层面拉伸率，将结果绘制成等值线图，具体见图6-20。

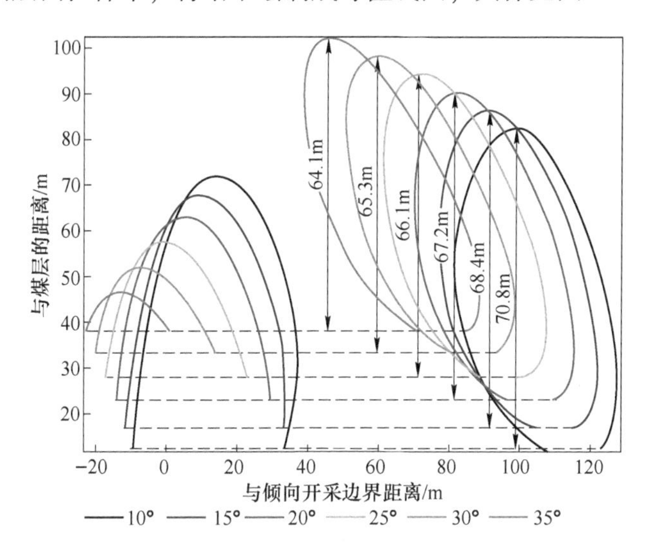

图6-20 煤层倾角不同时覆岩倾向主断面层面拉伸率等值线（$\varepsilon_S=\varepsilon'_S$）

图6-20为煤层倾角分别为10°、15°、20°、25°、30°和35°时，不同埋深水平层面拉伸率等值线图，图中等值线为 $\varepsilon_S=\varepsilon'_S(0.28\%)$，临界层面拉伸率 ε'_S 等值线最高点在 y 轴上的投影为计算水平与煤层的距离 h 值。由于煤层倾角的存在，计算水平与煤层上山边界之间相差一定的距离，为 $L\sin\alpha/2$（其中 α 为煤层倾角，(°)；L 为工作面斜长，m），即图中不同煤层倾角开采时虚线位置所处的高度。

将图 6-20 中计算水平与煤层的距离 h 减去 $L\sin\alpha/2$ 便得到不同倾角条件下工作面的导水裂隙带高度值，如图 6-20 中标注所示。

图 6-21 为倾角不同时导水裂隙带发育高度的变化曲线，从图中可以看出，随着煤层倾角的增加，工作面导水裂隙带发育高度是逐渐减小的。在煤层平均埋深不变的情况下，煤层倾角的增加使得开采上山方向的采深有所减小，但是由于埋深对导水裂隙带发育高度的影响小于倾角增加带来的影响，所以煤层倾角较大的工作面导水裂隙带发育高度反而有所减小。对于煤层倾角不同时导水裂隙带发育的形态来说，从图 6-20 可以看出随着煤层倾角的增大，导水裂隙带发育范围在水平方向上逐渐增加，并且上山侧采动导水裂隙影响区域向采空区中心偏移。

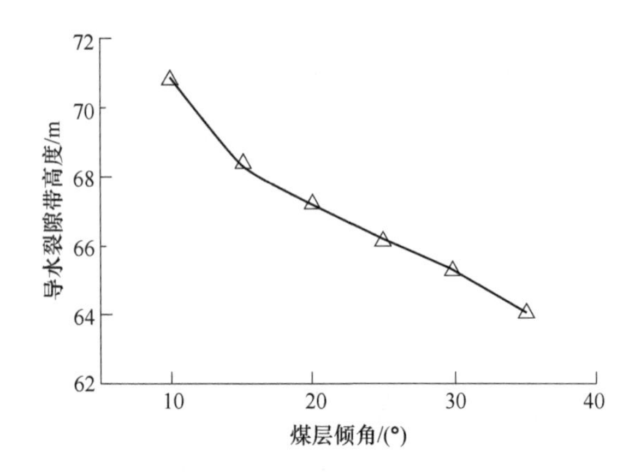

图 6-21 煤层倾角不同时导水裂隙带发育高度变化规律

6.6.2 采深对覆岩导水裂隙带发育的影响

研究采深对覆岩导水裂隙带发育的影响具有普遍意义。本书假定煤层为水平煤层，以裴沟矿地表概率积分法参数为依据，煤层埋深 H_0 分别取 200m、250m、300m、350m、400m 和 450m，其他参数不变。将上述参数代入式（6-4）便可得到不同埋深水平层面拉伸率分布函数，取倾向主断面不同埋深水平的层面拉伸率分布函数 $\varepsilon_S(h)\big|_{x=400}$，计算得到覆岩倾向主断面层面拉伸率等值线图，具体见图 6-22，图中等值线为 $\varepsilon_S=\varepsilon_S'(0.28\%)$。

图 6-22 中不同煤层倾角工作面开采，临界层面拉伸率 ε_S' 的等值线最高点在 y 轴上的投影，即 h 值（计算水平与煤层的距离）为工作面导水裂隙带发育高度值。当煤层埋深较浅时，工作面导水裂隙带发育高度为 95.1m，折合裂采比为

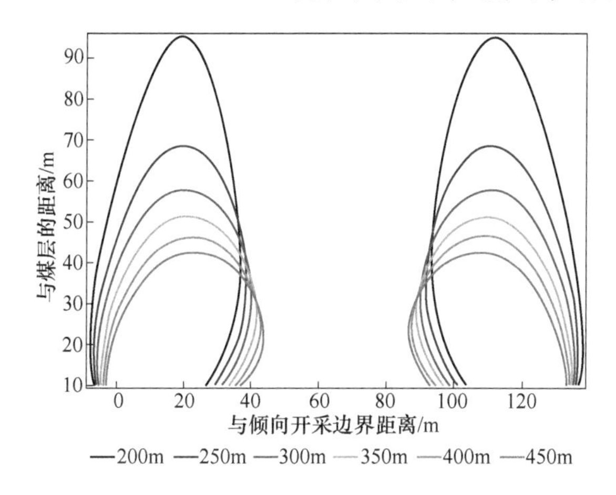

图 6-22 煤层埋深不同时覆岩倾向主断面层面拉伸率等值线（$\varepsilon_S=\varepsilon_S'$）

12.7。随着煤层埋深的增加，工作面导水裂隙带发育高度逐渐减小，当煤层埋深为 450m 时，导水裂隙带发育高度为 42.8m，折合裂采比为 5.7。煤层埋深不同时，导水裂隙带在不同水平的发育形态也有所不同，从图 6-22 可知，当煤层埋深较小时，上部导水裂隙带发育高度较大，但是其影响范围相对于煤层埋深较大时有所减小，并且随着煤层埋深的增大，导水裂隙带影响范围向采空区中心偏移。

将煤层不同埋深条件下工作面导水裂隙带发育高度值进行对比，绘制图 6-23。从图 6-23 中可以看出，当煤层埋深减小时，导水裂隙带发育高度逐渐增大，并且导水裂隙带发育高度增加的幅度呈现出逐渐减小的趋势。

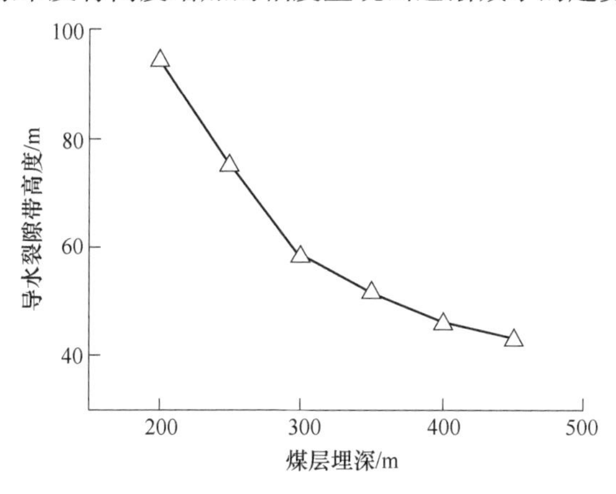

图 6-23 煤层埋深不同时导水裂隙带发育高度变化规律

根据上述分析，在煤矿开采实践中，尤其是对于煤矿上山采区开采时，随着煤层倾向方向开采空间的增大，以及开采上山边界采深的减小，导水裂隙带发育高度逐渐增大，加之上山边界与地表垂距的减小，使得隔水层厚度大大减小，可能导致煤矿突水事故。

6.6.3　倾向宽度对覆岩导水裂隙带发育的影响

对于走向长壁工作面来说，一般走向长度为1000m左右，倾向长度为100~200m，工作面在走向方向上为超充分采动，而在倾向上一般为非充分采动状态，因此覆岩移动变形的开采空间影响因素主要是倾向宽度。本书假定煤层为水平煤层，以裴沟矿地表概率积分法参数为依据，煤层倾向宽度 L 分别取40m、70m、100m、130m、160m和190m，其他参数不变。将上述参数代入式（6-4）便可得到不同埋深水平层面拉伸率分布函数，取倾向主断面不同埋深水平的层面拉伸率分布函数 $\varepsilon_S(h)|_{x=400}$，计算得到覆岩倾向主断面层面拉伸率并绘制等值线图，图中等值线为 $\varepsilon_S=\varepsilon'_S(0.28\%)$，具体见图6-24。

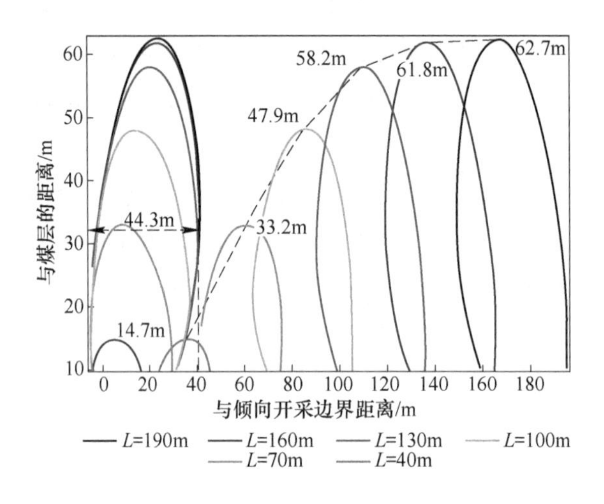

图6-24　倾向宽度不同时覆岩倾向主断面层面拉伸率等值线（$\varepsilon_S=\varepsilon'_S$）

图6-24层面拉伸率等值线图中仅给出了层面拉伸率临界值 $\varepsilon'_S(0.28\%)$ 的等值线分布，于是该等值线的最大值点在图中 y 轴的投影即为工作面导水裂隙带发育高度值。从图6-24中可以看出，随着工作面倾向宽度的增加，导水裂隙带发育高度呈现出不断增加的趋势，但是其增加的幅度越来越小。分析认为造成上述增长现象的主要原因是随着工作面倾向宽度的增加，煤层覆岩岩层的采动程度逐

渐增大，其岩层移动变形量（尤其是下沉值）逐渐增加，当倾向宽度达到一定值后，覆岩下部岩层达到充分采动状态，岩层下沉值达到最大。若倾向宽度继续增加，下部岩层达到超充分采动状态，但是岩层下沉值不再继续增加，由此使得层面拉伸率趋于稳定。

从左侧层面拉伸率临界值 $\varepsilon_S'(0.28\%)$ 的等值线宽度（即在某一埋深水平的水平方向影响范围）来看，当工作面倾向宽度增大时，导水裂隙带在水平方向上的影响范围逐渐增加，当工作面倾向宽度大于100m后，导水裂隙带在水平方向的影响范围已稳定，左侧边界位置为距离开采边界4.0m，右侧边界位于距离倾向开采边界40.3m处，倾向水平影响范围为44.3m。

6.6.4 采高对覆岩导水裂隙带发育的影响

假定煤层为水平煤层，以裴沟矿地表概率积分法参数为依据，工作面采高 M 分别取5m、7.5m、10m、12.5m、15m和17.5m，其他参数不变。将上述参数代入式（6-4）便可得到不同埋深水平层面拉伸率分布函数，取倾向主断面不同埋深水平的层面拉伸率分布函数 $\varepsilon_S(h)|_{x=400}$，绘制得到覆岩倾向主断面层面拉伸率等值线图，图中等值线为 $\varepsilon_S=\varepsilon_S'(0.28\%)$，具体见图6-25。

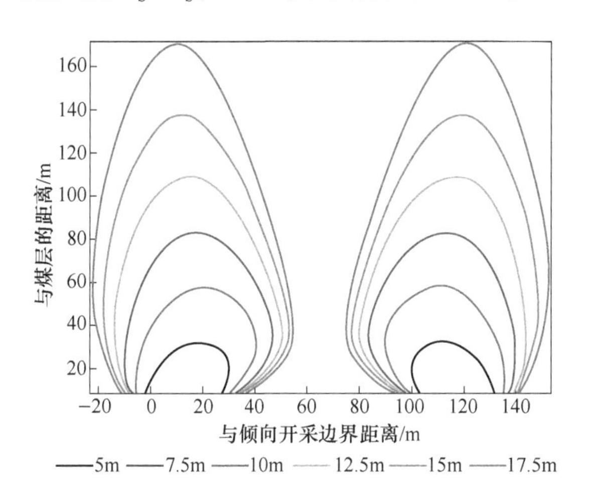

图6-25 采高不同时覆岩倾向主断面层面拉伸率等值线（$\varepsilon_S=\varepsilon_S'$）

从图6-25中可以看出，随着工作面采高的增加，工作面导水裂隙带在水平方向上影响范围更大，在竖直方向上其发育高度越来越大。于是将图6-25中不同采高条件下导水裂隙带高度折合为裂采比，如图6-26所示。从图6-26中可以看出，随着工作面采高的增加，裂采比越来越大，其增加的幅度表现出先增大，采高超过7.5m时，裂采比与工作面采高呈线性增加关系。说明当工作面开采高度较大时，覆岩移动变形更加剧烈，在综放一次采全高时，上覆岩层破坏高度与分层开采相比更为严重，因此在工作面采高较大时，煤矿防治水应该格外注意。

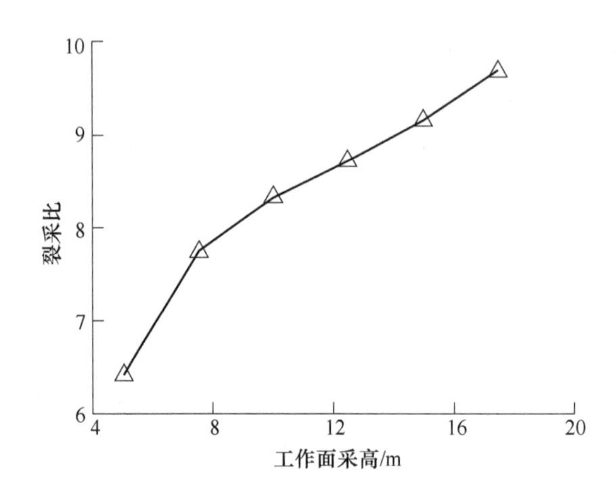

图6-26　采高不同时导水裂隙带裂采比变化规律

以煤层上部 $h=40\text{m}$ 计算岩层水平为例，绘制出不同采高条件下导水裂隙带在水平方向的影响范围，如图6-27所示。从图6-27中可以看出，随着工作面采高的增加，煤层上方40m岩层水平方向上影响范围表现出“S”形增长。

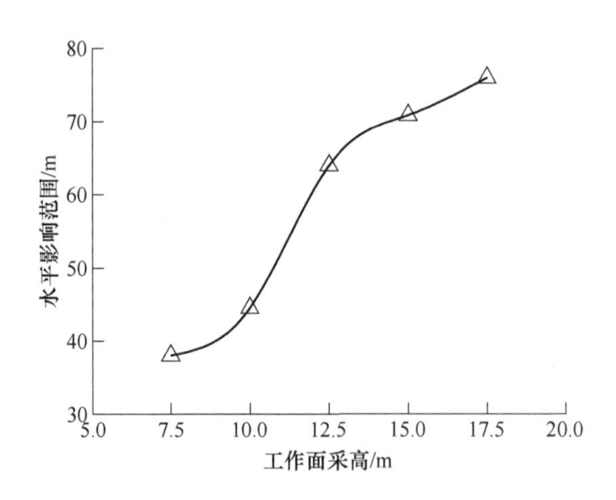

图6-27　采高不同时导水裂隙带水平影响范围（$h=40\text{m}$）

6.7 本章小结

（1）在分析采动覆岩破坏特征的基础上，用岩层层间拉伸率和层面拉伸率分别表示覆岩采动裂隙在垂直和水平方向的发育程度。

（2）利用覆岩移动变形计算方法计算得到裴沟煤矿工作面开采后岩层的层面拉伸率和层间拉伸率的分布规律：岩层层间拉伸率最大值主要集中于采空区边角位置，层面拉伸率分布曲面在走向和倾向上均出现“双波峰”形状，其中上山位置的层间拉伸率大于下山位置。随着岩层与煤层距离的增加，层间拉伸率最大值剖面由“双波峰”形状逐渐变化为“平拱”形状，并且层间拉伸率 ε_B 最大值逐渐减小。在走向上“双波峰”曲线的波峰位置逐渐向采空区中心靠拢，在倾向上层间拉伸率最大值向下山方向偏移。岩层层面拉伸率最大值主要分布在工作面上山和下山靠近采空区侧，并且上山侧层面拉伸率大于下山侧。随着岩层与煤层距离的增加，层面拉伸率最大值逐渐减小，可以认为距离煤层较近的岩层裂隙开度和密度较大，采动裂隙岩层面的扩展范围较小，随着岩层与煤层距离的增大，覆岩采动裂隙虽然开度和密度较小，但是沿层面的影响范围较大。

（3）根据现场导水裂隙带发育高度的实测值，反演得到裂隙导水性的移动变形判断指标，即层面拉伸率临界值 ε_S' 为 0.28%。进而提出了基于覆岩移动变形的采动裂隙发育计算方法：首先获取本矿井或者周围矿井的地表岩移参数，代入覆岩移动变形预计模型；利用覆岩移动变形预计模型求得覆岩不同埋深水平层面拉伸率分布函数，最后通过层面拉伸率临界值确定覆岩导水裂隙带发育高度。该方法为采动裂隙尤其是导水裂隙带发育高度的计算提供了一种新的思路，该方法基于覆岩移动变形的计算，能够考虑工作面采深、煤层倾角以及开采空间等影响因素。

（4）根据覆岩导水裂隙带发育计算方法，对工作面倾向开采距离为 130m、260m 和 390m 时导水裂隙带高度进行计算，其值分别为 68.4m、99.2m 和 140.8m，为现场后续开采的安全生产提供参考。研究了上述覆岩导水裂隙带顶界岩层的裂隙分布规律，由层面拉伸率分布规律，得到采空区上覆岩层的纵向裂隙发育程度为走向方向<倾向下山侧<倾向上山侧。若开采上山边界与上部水体的距离小于防水煤岩的高度，极易在煤层上山方向产生突水通道。采空区上覆岩层的离层裂隙发育程度为倾向下山侧<走向方向<倾向上山侧，上述规律可以为煤矿现场防治水和采动裂隙内瓦斯的抽采提供参考。

（5）根据覆岩移动变形的计算模型，在特定地质条件下对影响覆岩导水裂隙带发育的 4 个因素（煤层倾角、工作面埋深、倾向宽度和采高）进行分析，得到以下结论：1）由于埋深对导水裂隙带发育高度的影响小于倾角增加导致的采深增加，所以煤层倾角较大的工作面导水裂隙带发育高度反而有所减小。随着煤层倾角的增大，发育在水平方向上的导水裂隙带范围逐渐增加，并且上山侧采动导水裂隙带影响区域向采空区中心偏移。2）当煤层埋深减小时，导水裂隙带发育高度逐渐增大，并且导水裂隙带发育高度增加的幅度呈现出逐渐减小的趋势。其影响范围相对于煤层埋深较大时有所减小，并且随着煤层埋深的增大，导水裂隙带向采空区中心偏移。3）随着工作面倾向宽度的增加，导水裂隙带发育高度以及在水平方向上的影响范围均呈现出不断增加的趋势，但是其增加的幅度越来越小。4）随着工作面采高的增加，工作面导水裂隙带在水平方向上的影响范围以及竖直方向上的发育高度越来越大。

7 结论与展望

7.1 结论

由开采活动引起的覆岩移动变形，不但影响岩体内构筑物（主副井井筒、巷道等）的正常使用，而且产生的采动裂隙有可能导通上部水体引发溃水事故，但从资源利用以及瓦斯治理角度来看，采动裂隙能够为瓦斯的抽采提供优势通道。上述问题的解决均须对覆岩移动变形的规律及计算模型进行研究，于是本书采用数值模拟、现场实测、力学分析和工程实践等多种方法，研究了覆岩移动变形机理、覆岩动态移动变形规律及预计模型和基于覆岩移动变形的采动裂隙的发育规律和计算方法，主要取得3方面结论。

7.1.1 覆岩移动变形机理

（1）首先根据弹塑性理论对采场支承压力进行研究，参考采场支承压力的表达形式建立覆岩岩层支承压力分布函数。并通过数值模拟和理论分析得到了采场及上覆岩层支承压力分布变化规律，建立了不同埋深水平岩层支承压力函数之间的联系。依据采场及上覆岩层载荷守恒原理，推导得到不同埋深岩层应力恢复函数的参数变化规律，发现与煤层距离越远的岩层，其应力恢复越快。

（2）根据采动覆岩应力及破裂状态分布规律，将岩层弹性板下部地基分为煤壁前方煤岩体弹性地基与采空区上方弹性地基，并参考岩层上部支承压力分布规律，建立了岩层挠曲微分方程力学模型。以基本顶岩层为例，对力学模型进行求解，验证了力学模型的正确性。利用不同岩层支承压力分布关系，求解得到不同埋深水平岩层的挠度曲线，进而对覆岩移动变形的机理进行揭示，并总结了覆岩空间上的移动变形变化规律。

7.1.2 覆岩及地表动态移动变形规律及预计模型

（1）以裴沟煤矿地表移动观测站的观测数据为基础，对地表动态移动变形特征进行研究，发现最大下沉速度和最大下沉速度滞后距均随工作面推进距离的增加而逐渐增大，但是增加的幅度逐渐减小，最终趋于定值，分别为50.40mm/d和95.50m。通过下沉曲线形态进行函数表达，建立了工作面开采过程中走向主断面中的下沉速度预计方法。计算得到工作面开采过程中地表动态移动变形规律：随着开采空间的增大，地表走向主断面上最大下沉速度值和最大下沉速度滞后距逐渐增大，下沉速度曲线形态逐渐变陡。当工作面达到超充分采动，即工作面推进距离超过400m后，随着工作面的推进，地表走向主断面下沉速度曲线以固定形态和工作面保持一定的滞后距，随开采不断向前移动。对比地表走向断面上各点下沉速度实测值与计算值偏差，得到其平均误差为1.57mm/d，认为动态移动变形的预计结果能够满足工程需要。

（2）构建动态开采数值模型，建立地表与覆岩动态移动参数之间的关系，推导得到工作面推进过程中不同埋深水平岩层的动态移动变形参数的变化规律，进而建立了主断面上任意开采时刻覆岩及地表动态移动变形预计模型。

7.1.3 基于覆岩移动变形的裂隙发育计算方法

（1）通过分析覆岩移动变形的力学原理以及覆岩移动规律，认为覆岩采动主要影响半径的主控因素是岩层的抗弯刚度，推导得到基于岩层抗弯刚度变化规律的主要影响半径计算公式。以现场实测数据和数值模拟结果为依据，通过非线性拟合得到覆岩下沉系数和拐点偏移距的计算公式，建立了修正参数的覆岩移动变形预计模型。对裴沟矿31071工作面地表观测站数据进行概率积分法参数求解，代入覆岩移动变形预计模型，得到工作面开采后不同埋深水平岩层的下沉曲面。

（2）在分析采动覆岩破坏特征的基础上，用岩层层间拉伸率和层面拉伸率分别表示覆岩采动裂隙在垂直和水平方向的发育程度，计算得到裴沟煤矿工作面开采后覆岩裂隙的分布规律：岩层层间拉伸率最大值主要集中于采空区边角位置，与煤层距离较近岩层的层面拉伸率分布曲面在走向和倾向上均出现“双波峰”形状，其中倾向上山位置的层间拉伸率大于下山位置。层间拉伸率 ε_B 最大值随着岩层与煤层距离的增加而减小，层间拉伸率最大值剖面由“双波峰”形状逐渐变化为“平拱”形状。岩层层面拉伸率最大值主要分布在工作面上山和下山靠近采空区侧，并且上山侧层面拉伸率大于下山侧。随着岩层与煤层距离的增加，层面拉伸率最大值逐渐减小，岩层上山侧和下山侧的层面拉伸率的差值逐渐减小，峰值位置逐渐向采空区中心偏移。

（3）根据现场导水裂隙带发育高度的实测值，反演得到裂隙导水性的移动变形判断指标，即层面拉伸率临界值ε'_{S}为 0.28%，然后对不同开采方案进行计算，得到倾向不同开采尺寸下导水裂隙带发育高度和采动裂隙分布变化规律。提出基于覆岩移动变形的采动裂隙发育计算方法：首先获取本矿井或者周围矿井的地表岩移参数，代入覆岩移动变形预计模型；利用覆岩移动变形预计模型求得覆岩不同埋深水平层面拉伸率分布函数，最后通过层面拉伸率临界值确定覆岩导水裂隙带发育高度。该方法为覆岩采动裂隙尤其是导水裂隙带发育高度的计算提供了一个新的思路，该方法基于覆岩移动变形的计算，能够考虑工作面采深、煤层倾角以及开采空间等影响因素。

（4）对覆岩导水裂隙带顶界岩层的裂隙分布规律进行分析，根据层面拉伸率分布规律，得到采空区上覆岩层的纵向裂隙发育程度为：走向方向<倾向下山侧<倾向上山侧。若开采上山边界与上部水体的距离小于防水煤岩的高度，极易在煤层上山方向产生突水通道。采空区上覆岩层的离层裂隙发育程度为：倾向下山侧<走向方向<倾向上山侧，上述规律可以为煤矿现场防治水和采动裂隙内瓦斯的抽采提供参考。

（5）根据覆岩移动变形的计算模型，在特定地质条件下对影响覆岩导水裂隙带发育的 4 个因素（煤层倾角、工作面埋深、倾向宽度和采高）进行分析，得到以下结论：1）由于埋深对导水裂隙带发育高度的影响小于倾角增加导致的采深增加，所以煤层倾角较大的工作面导水裂隙带发育高度反而有所减小。随着煤层倾角的增大，发育在水平方向上的导水裂隙带范围逐渐增加，并且上山侧采动导水裂隙带影响区域向采空区中心偏移。2）当煤层埋深减小时，导水裂隙带发育高度逐渐增大，并且导水裂隙带发育高度增加的幅度呈现出逐渐减小的趋势。其影响范围相对于煤层埋深较大时有所减小，并且随着煤层埋深的增大，导水裂隙带向采空区中心偏移。3）随着工作面倾向宽度的增加，导水裂隙带发育高度以及在水平方向上的影响范围均呈现出不断增加的趋势，但是其增加的幅度越来越小。4）随着工作面采高的增加，工作面导水裂隙带在水平方向上的影响范围以及竖直方向上的发育高度越来越大。

7.2 创新点

（1）研究建立了基于覆岩应力的岩层移动变形力学模型，揭示了煤矿采动覆岩移动变形的机理。

（2）建立了层状结构的覆岩移动变形预计模型，在模型参数敏感性分析的基础上，确定了覆岩内采动影响范围的主控因素。

（3）提出了基于覆岩移动变形的采动裂隙发育计算方法，依据导水裂隙带发育高度的实测值对其进行了验证。

7.3 展望

目前对于运用覆岩移动变形的研究，由于现场实测数据较少，因此还未被学者广泛研究，制约了其推广应用。本书在该方面做了些尝试性研究工作，但是仍有大量问题需在今后进行进一步研究：

（1）覆岩关键层对移动变形计算的影响。当上覆岩层中赋存有较厚且坚硬的砂岩或火成岩，在开采空间有限时，上覆岩层的运动往往不是同步的。然而本书并未考虑在工作面开采过程中关键层的控制作用，因此后续研究工作需对此方面着重关注。

（2）采动裂隙发育的影响因素。以往学者主要采用数值模拟、相似试验模拟或者现场实测手段对采动裂隙尤其是导水裂隙带发育影响因素进行研究，由于研究对象存在差异，导致采动裂隙发育规律仍然不明确。覆岩移动变形中岩层层面拉伸率临界值表示了岩层产生导水裂隙带的判定指标，其值与岩层的岩性有关。本书只是针对裴沟矿特定的地质条件下确定层面拉伸率临界值，后期有必要收集国内外矿井导水裂隙带实测资料，并结合实际开采情况，计算并归纳总结不同岩性及岩层结构对采动裂隙判定指标影响的变化规律。

参考文献

[1] 何国清，杨伦，凌赓娣，等．矿山开采沉陷学［M］．徐州：中国矿业大学出版社，1994：375.

[2] 陈祥恩，李德海，勾攀峰．巨厚松散层下开采及地表移动［M］．徐州：中国矿业大学出版社，2001：268.

[3] 许家林，钱鸣高．岩层采动裂隙分布在绿色开采中的应用［J］．中国矿业大学学报，2004，33（2）：17-20，25.

[4] 梁运培，文光才．顶板岩层“三带”划分的综合分析法［J］．煤炭科学技术，2000，28（5）：39-42.

[5] 袁亮，刘泽功．淮南矿区开采煤层顶板抽放瓦斯技术的研究［J］．煤炭学报，2003，28（2）：39-42.

[6] 刘洪永，程远平，陈海栋，等．含瓦斯煤岩体采动致裂特性及其对卸压变形的影响［J］．煤炭学报，2011，36（12）：2074-2079.

[7] 王成，张农，李桂臣，等．上行开采顶板不同区域巷道稳定性控制原理［J］．中国矿业大学学报，2012，41（4）：543-550.

[8] 张王磊，熊祖强，王红岩，等．下保护层开采条件下上覆巷道变形规律研究［J］．煤炭科学技术，2014，42（5）：9-12，16.

[9] 王海锋，程远平，刘桂建，等．被保护层保护范围的扩界及连续开采技术研究［J］．采矿与安全工程学报，2013，30（4）：595-599.

[10] 吕泰和．井筒与工业广场煤柱开采［M］．北京：煤炭工业出版社，1990：331.

[11] HOLLA L，BUIZEN M. The ground movement，strata fracturing and changes in permeability due to deep longwall mining［J］. International Journal of Rock Mechanics and Mining Sciences & Geomechanics Abstracts，1991，28（2）：207-217.

[12] HOLLA L，ARMSTRONG M. Measurement of subsurface strata movement by multi-borehole instrumentation［J］. Proc. Australas. Inst. Min. Metall.，1986，291（3）：65-72.

[13] HOLLA L. Ground movement due to longwall mining in high relief areas in New South Wales，Australia［J］. International Journal of Rock Mechanics and Mining Sciences，1997，34（5）：775-787.

[14] SHU D M，BHATTACHARYYA A K. Relationship between sub-surface and surface subsidence—a theoretical model［J］. Mining Science and Technology，1990，11（3）：307-319.

[15] SHU D M，BHATTACHARYYA A K. Prediction of sub-surface subsidence movements due to

underground coal mining [J]. Geotechnical and Geological Engineering, 1993, 11 (4): 221-234.

[16] YAO X L, WHITTAKER B N, REDDISH D J. Influence of overburden mass behavioural properties on subsidence limit characteristics [J]. Mining Science and Technology, 1991, 13 (2): 167-173.

[17] AKSOY C O, KOSE H, ONARGAR T, et al. Estimation of limit angle using laminated displacement discontinuity analysis in the Soma coal field, Western Turkey [J]. International Journal of Rock Mechanics and Mining Sciences, 2004, 41 (4): 547-556.

[18] SINGH R, MANDAL P K, SINGH A K, et al. Upshot of strata movement during underground mining of a thick coal seam below hilly terrain [J]. International Journal of Rock Mechanics and Mining Sciences, 2008, 45 (1): 29-46.

[19] BRUNEAU G, HUDYMA M R, HADJIGEORGIOU J, et al. Influence of faulting on a mine shaft—a case study: part Ⅱ—Numerical modelling [J]. International Journal of Rock Mechanics and Mining Sciences, 2003, 40 (1): 113-125.

[20] BRUNEAU G, TYLER D B, HADJIGEORGIOU J, et al. Influence of faulting on a mine shaft—a case study: part I—Background and Instrumentation [J]. International Journal of Rock Mechanics and Mining Sciences, 2003, 40 (1): 95-111.

[21] GALE WINTON. Review and estimation of the hydraulic conductivity of the overburden above longwall panels. Experience From Australia [C]//Proceedings of the 19th International Conference on Ground Control in Mining, Morgantown: West Virginia University, 2010: 1-8.

[22] MAJDI A, HASSANI F P, NASIRI M Y. Prediction of the height of destressed zone above the mined panel roof in longwall coal mining [J]. International Journal of Coal Geology, 2012, 98: 62-72.

[23] GHABRAIE B, REN G, ZHANG X, et al. Physical mdelling of subsidence from sequential extraction of partially overlapping longwall panels and study of substrata movement characteristics [J]. International Journal of Coal Geology, 2015, 140: 71-83.

[24] LUO Y, QIU B. Enhanced subsurface subsidence model prediction model that considers overburden stratification [J]. International Journal of Mining Engineering, 2014, 64 (10): 78-84.

[25] LUO Y, CHENG J W. An influence function method based subsidence prediction program for longwall mining operations in inclined coal seams [J]. Mining Science and Technology, 2009, 19 (5): 592-598.

[26] LUO Y, QIU B. CISPM-MS: a tool to predict surface subsidence and to study interactions associated with multi - seam mining Operations [C]//Proceedings of the 31st International

Conference on Ground Control in Mining, Morgantown: West Virginia University, 2012: 1-7.
[27] 王金庄．开采沉陷若干理论与技术问题研究［J］．矿山测量，2003（3）：1-5，70.
[28] 卢国志，汤建泉，宋振骐．传递岩梁周期裂断步距与周期来压步距差异分析［J］．岩土工程学报，2010，32（4）：538-541.
[29] 赵晓东，宋振骐．岩层移动复合层板模型的系统方法解析［J］．岩石力学与工程学报，2001，20（2）：197-201.
[30] 宋振骐，卢国志，夏洪春．一种计算采场支承压力分布的新算法［J］．山东科技大学学报（自然科学版），2006，25（1）：1-4.
[31] 钱鸣高，茅献彪，缪协兴．采场覆岩中关键层上载荷的变化规律［J］．煤炭学报，1998，23（2）：25-29.
[32] 钱鸣高，缪协兴．采场上覆岩层结构的形态与受力分析［J］．岩石力学与工程学报，1995，14（2）：97-106.
[33] WU L X, QIAN M, WANG J. The influence of a thick hard rock stratum on underground mining subsidence [J]. International Journal of Rock Mechanics and Mining Sciences, 1997, 34 (2): 341-344.
[34] GUO H, YUAN L, SHEN B T, et al. Mining-induced strata stress changes, fractures and gas flow dynamics in multi-seam longwall mining [J]. International Journal of Rock Mechanics and Mining Sciences, 2012, 54: 129-139.
[35] 王悦汉，邓喀中，张冬至，等．重复采动条件下覆岩下沉特性的研究［J］．煤炭学报，1998，23（5）：24-29.
[36] 虞岳明，戴华阳，何卓军．长广矿区六矿井筒与工业广场煤柱开采设计与实践［J］．采矿与安全工程学报，2008，25（2）：202-206.
[37] 戴华阳，滕永海，吕泰和，等．大黄山矿暗立井采动影响分析与治理措施［J］．矿山测量，1999（1）：7-10.
[38] 郭帅，张吉雄，邓雪杰，等．基于固体充填开采的井筒保护煤柱留设方法研究［J］．煤炭科学技术，2015，43（3）：30-35.
[39] 张彦宾，李德海，许国胜，等．采动影响下大型煤仓硐室围岩稳定性研究［J］．煤炭科学技术，2013，41（10）：1-4.
[40] 尹士献，李德海，马永庆．采动影响下硐室群稳定性预测研究［J］．采矿与安全工程学报，2009，26（3）：308-312.
[41] 张彦宾，李德海，邹友峰．近煤仓硐室开采围岩变形及稳定性研究［J］．煤炭技术，2012，31（8）：70-72.
[42] 袁亮．卸压开采抽采瓦斯理论及煤与瓦斯共采技术体系［J］．煤炭学报，2009，44（1）：1-8.

[43] 熊祖强，王晓蕾，刘成威，等．一次采全高综采工作面覆岩冒落带动态发育特征［J］．岩石力学与工程学报，2014，33（增刊2）：3692-3698.

[44] 张玉军，张华兴，陈佩佩．覆岩及采动岩体裂隙场分布特征的可视化探测［J］．煤炭学报，2008，33（11）：1216-1219.

[45] 高保彬，刘云鹏，潘家宇，等．水体下采煤中导水裂隙带高度的探测与分析［J］．岩石力学与工程学报，2014，33（增刊1）：3384-3390.

[46] 王文学．采动裂隙岩体应力恢复及其渗透性演化［D］．徐州：中国矿业大学，2014.

[47] 袁亮．瓦斯治理理念和煤与瓦斯共采技术［J］．中国煤炭，2010，36（6）：5-12.

[48] 许家林，连国明，朱卫兵，等．深部开采覆岩关键层对地表沉陷的影响［J］．煤炭学报，2007，32（7）：16-20.

[49] 朱卫兵，许家林，施喜书，等．覆岩主关键层运动对地表沉陷影响的钻孔原位测试研究［J］．岩石力学与工程学报，2009，28（2）：403-409.

[50] 许家林，钱鸣高，朱卫兵．覆岩主关键层对地表下沉动态的影响研究［J］．岩石力学与工程学报，2005，24（5）：787-791.

[51] XUAN D，XU J，ZHU W. Dynamic disaster control under a massive igneous sill by grouting from surface boreholes［J］. International Journal of Rock Mechanics and Mining Sciences，2014，71：176-187.

[52] JU J，XU J. Structural characteristics of key strata and strata behaviour of a fully mechanized longwall face with 7.0m height chocks［J］. International Journal of Rock Mechanics and Mining Sciences，2013，58：46-54.

[53] 孙振武，缪协兴，茅献彪．采场覆岩复合关键层的判别条件［J］．矿山压力与顶板管理，2005，22（4）：76-77，83.

[54] 缪协兴，茅献彪，孙振武，等．采场覆岩中复合关键层的形成条件与判别方法［J］．中国矿业大学学报，2005，34（5）：21-24.

[55] 杨伦．对采动覆岩离层充填减沉技术的再认识［J］．煤炭学报，2003，27（4）：352-356.

[56] 郭增长，王金庄．离层注浆减沉效果的评价方法及误差分析［J］．中国矿业大学学报，2002，31（4）：57-60.

[57] 王金庄，康建荣，吴立新．煤矿覆岩离层注浆减缓地表沉降机理与应用探讨［J］．中国矿业大学学报，1999，28（4）：31-34.

[58] 王金庄，康建荣，吴立新，等．煤矿覆岩离层注浆减缓地表沉降效果评价方法探讨［J］．矿山测量，2000（2）：11-13，70.

[59] 朱卫兵，许家林，赖文奇，等．覆岩离层分区隔离注浆充填减沉技术的理论研究［J］．煤炭学报，2007，32（5）：458-462.

[60] 缪协兴，浦海，白海波．隔水关键层原理及其在保水采煤中的应用研究［J］．中国矿业大学学报，2008，37（1）：5-8.

[61] 马立强，张东升，董正筑．隔水层裂隙演变机理与过程研究［J］．采矿与安全工程学报，2011，28（3）：340-344.

[62] 曲庆璋，章权，季求知，等．弹性板理论［M］．北京：人民交通出版社，2000.

[63] 李文秀，梁旭黎，赵胜涛，等．地下开采引起地表沉陷预测的弹性薄板法［J］．工程力学，2006，23（8）：177-181.

[64] 姜岩，高延法．覆岩离层注浆开采地表下沉预计［J］．矿山压力与顶板管理，1997（2）：36-37.

[65] 苏仲杰．采动覆岩离层变形机理研究［D］．阜新：辽宁工程技术大学，2002.

[66] 张忠厚，左彪，黄厚旭．最小势能原理在关键层挠度计算中的应用［J］．中国地质灾害与防治学报，2014，25（3）：94-100.

[67] 刘金海，冯涛，万文．煤矿离层注浆减沉效果评价的弹性薄板法［J］．工程力学，2009，26（11）：252-256.

[68] 翟所业，张开智．用弹性板理论分析采场覆岩中的关键层［J］．岩石力学与工程学报，2004，23（11）：1856-1860.

[69] 夏小刚，黄庆享．基于弹性薄板的地表沉陷预计模型［J］．测绘工程，2008，17（6）：9-12.

[70] 郝延锦，吴立新，戴华阳．用弹性板理论建立地表沉陷预计模型［J］．岩石力学与工程学报，2006，25（增刊1）：2958-2962.

[71] 杨帆，麻凤海，刘书贤，等．采空区岩层移动的动态过程与可视化研究［J］．中国地质灾害与防治学报，2005，16（1）：86-90.

[72] 林海飞，李树刚，成连华，等．基于薄板理论的采场覆岩关键层的判别方法［J］．煤炭学报，2008，33（10）：1081-1085.

[73] 何富连，王晓明，谢生荣．特大断面碎裂煤巷顶板弹性基础梁模型研究［J］．煤炭科学技术，2014，42（1）：34-36，142.

[74] 潘红宇，李树刚，张涛伟，等．Winkler地基上复合关键层模型及其力学特性［J］．中南大学学报（自然科学版），2012，43（10）：4050-4056.

[75] 王红卫，陈忠辉，杜泽超，等．弹性薄板理论在地下采场顶板变化规律研究中的应用［J］．岩石力学与工程学报，2006，25（增刊2）：3769-3774.

[76] 邹友峰．条带开采优化设计及其地表沉陷预计的三维层状介质理论［M］．北京：科学出版社，2011.

[77] 邹友峰，何满潮．条带开采地表沉陷预计的新理论［J］．水文地质工程地质，1994（2）：1-5.

[78] 邹友峰．条带开采地表沉陷预计新方法［J］．煤，1996，5（4）：12-14，56.

[79] 邹友峰，马伟民，何满潮，等．条采沉陷计算的空间分层介质力学法［J］．焦作矿业学院学报，1994（1）：3-12.

[80] 吴立新，王金庄．连续大面积开采托板控制岩层变形模式的研究［J］．煤炭学报，1994，19（3）：233-242.

[81] 潘岳，顾士坦，戚云松．周期来压前受超前隆起分布荷载作用的坚硬顶板弯矩和挠度的解析解［J］．岩石力学与工程学报，2012，31（10）：2053-2063.

[82] 潘岳，顾士坦，戚云松．初次来压前受超前增压荷载作用的坚硬顶板弯矩、挠度和剪力的解析解［J］．岩石力学与工程学报，2013，32（8）：1544-1553.

[83] NIE L，WANG H，XU Y，et al. A new prediction model for mining subsidence deformation：the arc tangent function model［J］. Natural Hazards，2015，75（3）：2185-2198.

[84] 涂敏．老顶超前破断位置的研究［J］．西安矿业学院学报，1999（2）：19-23.

[85] 成枢，戴素娟，温兴水，等．杨庄煤矿 8608 工作面覆岩内部与地表移动观测研究［J］．山东矿业学院学报，1998（1）：26-29.

[86] 彭苏萍，凌标灿，郑高升，等．采场弯曲下沉带内部巷道变形与岩层移动规律研究［J］．煤炭学报，2002，27（1）：21-25.

[87] 樊占文，郭永红，杨可明．煤矿开采地表移动与变形规律常规化研究模式［J］．煤炭科学技术，2014，42（增刊 1）：252-255.

[88] PALCHIK V. Formation of fractured zones in overburden due to longwall mining［J］. Environmental Geology，2003，44（1）：28-38.

[89] 张海峰，李文，李少刚，等．浅埋深厚松散层综放工作面覆岩破坏监测技术［J］．煤炭科学技术，2014，42（10）：24-27.

[90] 张玉军，李凤明．高强度综放开采采动覆岩破坏高度及裂隙发育演化监测分析［J］．岩石力学与工程学报，2011，30（增刊 1）：2994-3001.

[91] 高保彬，王晓蕾，朱明礼，等．复合顶板高瓦斯厚煤层综放工作面覆岩“两带”动态发育特征［J］．岩石力学与工程学报，2012，31（增刊 1）：3444-3451.

[92] 郭惟嘉，常西坤，阎卫玺．深部矿井采场上覆岩层内结构形变特征分析［J］．煤炭科学技术，2009，37（12）：1-4，11.

[93] 刘武皓，文学宽．地球物理勘探在探测煤矿采空区覆岩“两带”中的应用［J］．北京地质，1999（1）：18-24.

[94] 孙亚军，徐智敏，董青红．小浪底水库下采煤导水裂隙发育监测与模拟研究［J］．岩石力学与工程学报，2009，28（2）：238-245.

[95] WHITTAKER B N，GASKELL P，REDDISH D J. Subsurface ground strain and fracture development associated with longwall mining［J］. Mining Science and Technology，1990，10

(1): 71-80.

[96] HUANG Y L, ZHANG J X, AN B F, et al. Overlying strata movement law in fully mechanized coal mining and backfilling longwall face by similar physical simulation [J]. Journal of Mining Science, 2011, 47 (5): 618-627.

[97] 李全生，张忠温，南培珠．多煤层开采相互采动的影响规律 [J]. 煤炭学报，2006，31 (4): 425-428.

[98] 崔希民，许家林，缪协兴，等．潞安矿区综放与分层开采岩层移动的相似材料模拟试验研究 [J]. 实验力学，1999，14 (3): 402-406.

[99] HUA G, LING Y. An integrated approach to study of strata behaviour and gas flow dynamics and its application [J]. International Journal of Coal Science & Technology, 2015 (1): 12-21.

[100] 黄炳香，刘长友，程庆迎，等．基于瓦斯抽放的顶板冒落规律模拟试验研究 [J]. 岩石力学与工程学报，2006，25 (11): 2200-2207.

[101] 许家林，鞠金峰．特大采高综采面关键层结构形态及其对矿压显现的影响 [J]. 岩石力学与工程学报，2011，30 (8): 1547-1556.

[102] 许家林，钱鸣高，金宏伟．基于岩层移动的“煤与煤层气共采”技术研究 [J]. 煤炭学报，2004，29 (2): 3-6.

[103] 熊祖强，王晓蕾．复合顶板综放面覆岩破坏及裂隙演化相似模拟试验 [J]. 中国安全生产科学技术，2014，10 (10): 22-28.

[104] 马占国，涂敏，马继刚，等．远距离下保护层开采煤岩体变形特征 [J]. 采矿与安全工程学报，2008，25 (3): 253-257.

[105] 谢和平，周宏伟，王金安，等．FLAC 在煤矿开采沉陷预测中的应用及对比分析 [J]. 岩石力学与工程学报，1999，18 (4): 29-33.

[106] 尹光志，鲜学福，代高飞，等．大倾角煤层开采岩移基本规律的研究 [J]. 岩土工程学报，2001，23 (4): 450-453.

[107] 高明中．急倾斜煤层开采岩移基本规律的模型试验 [J]. 岩石力学与工程学报，2004，23 (3): 441-445.

[108] 高明中，余忠林．煤矿开采沉陷预测的数值模拟 [J]. 安徽理工大学学报（自然科学版），2003，23 (1): 11-17.

[109] 麻凤海，杨帆．地层沉陷的数值模拟应用研究 [J]. 辽宁工程技术大学学报（自然科学版），2001，20 (3): 257-261.

[110] SUCHOWERSKA A M, MERIFIELD R S, CARTER J P. Vertical stress changes in multi-seam mining under supercritical longwall panels [J]. International Journal of Rock Mechanics and Mining Sciences, 2013, 61: 306-320.

[111] WILES T D. Reliability of numerical modelling predictions [J]. International Journal of Rock Mechanics and Mining Sciences, 2006, 43 (3): 454-472.

[112] COULTHARD M A. Applications of numerical modelling in underground mining and construction [J]. Geotechnical and Geological Engineering, 1999, 17 (3): 373-385.

[113] PENG S S. Topical areas of research needs in ground control—A state of the art review on coal mine ground control [J]. International Journal of Mining Science and Technology, 2015, 25 (1): 1-6.

[114] 中华人民共和国煤炭工业部. 建筑物、水体、铁路及主要井巷煤柱留设与压煤开采规程 [M]. 北京: 煤炭工业出版社, 2000.

[115] LITWINISZYN J. The differential equation defining displacement of a rock mass [J]. Arch. Gorn. ihutn, 1953 (1): 39-55.

[116] 刘宝琛, 廖国华. 煤矿地表移动的基本规律 [M]. 北京: 中国工业出版社, 1965.

[117] 郭广礼, 汪云甲. 概率积分法参数的稳健估计模型及其应用研究 [J]. 测绘学报, 2000, 29 (2): 162-165, 171.

[118] 吴侃, 靳建明, 戴仔强, 等. 开采沉陷在土体中传递的实验研究 [J]. 煤炭学报, 2002 (6): 43-45.

[119] PENG S. Comments on surface subsidence prediction [J]. Mining Science and Technology, 1990, 11 (2): 207-211.

[120] REN G, LI G, KULESSA M. Application of a generalised influence function method for subsidence prediction in multi-seam longwall extraction [J]. Geotechnical and Geological Engineering, 2014, 32 (4): 1123-1131.

[121] REN G, LI J, BUCKERIDGE J. Calculation of mining subsidence and ground principal strains using generalised influence function method [J]. Mining Technology, 2010, 119 (1): 34-41.

[122] Tomaž A, GORAN T. Prediction of subsidence due to underground mining by artificial neural networks [J]. Computers & Geosciences, 2003, 29 (5): 627-637.

[123] BAHUGUNA P P, SRIVASTAVA A, SAXENA N C. A critical review of mine subsidence prediction methods [J]. Mining Science and Technology, 1991, 13 (3): 369-382.

[124] 李德海. 费尔哈斯模型预测地表移动变形 [J]. 煤炭科学技术, 2004, 32 (3): 58-59, 57.

[125] SINGH R P, YADAV R N. Prediction of subsidence due to coal mining in Raniganj coal field, West Bengal, India [J]. Engineering Geology, 1995, 39 (1): 103-111.

[126] LIN S, WHITTAKER B N, REDDISH D J. Application of asymmetrical influence functions for subsidence prediction of gently inclined seam extractions [J]. International Journal of Rock

Mechanics and Mining Sciences & Geomechanics Abstracts，1992，29（5）：479-490.

［127］李培现，谭志祥，邓喀中．地表移动概率积分法计算参数的相关因素分析［J］．煤矿开采，2011，16（6）：5，14-18.

［128］刘宝琛，颜荣贵．开采引起的矿山岩体移动的基本规律［J］．煤炭学报，1981（1）：39-55.

［129］郭麒麟，乔世范，刘宝琛．开采影响下的岩土体移动与变形规律［J］．采矿与安全工程学报，2011，28（1）：109-114.

［130］郭惟嘉，徐方军．覆岩体内移动变形及离层特征［J］．矿山测量，1999（3）：36-38，59.

［131］郭增长，谢和平，王金庄．极不充分开采地表移动和变形预计的概率密度函数法［J］．煤炭学报，2004，29（2）：155-158.

［132］布克林斯基．矿山岩层与地表移动［M］．王金庄，洪镀，译．北京：煤炭工业出版社，1989.

［133］郭广礼，邓喀中，张连贵，等．综采放顶煤地表移动规律特殊性［J］．中国矿业大学学报，1999，28（4）：75-78.

［134］KENNY P. The caving of the waste on longwall faces［J］. International Journal of Rock Mechanics and Mining Sciences & Geomechanics Abstracts，1969，6（6）：541-555.

［135］郭广礼，缪协兴，张振南．老采空区破裂岩体变形性质研究［J］．科学技术与工程，2002，2（5）：44-47.

［136］JIANG Y，TIAN M Y，PREUSSE A，et al. Method of prediction on surface subsidence caused by underground resource exploitation［J］. Trans. Nonferrous Met. Soc. China，2005，15（1）：222-225.

［137］徐永梅，姜岩，姜岳．采动覆岩移动变形预计［J］．矿山测量，2013（2）：70-73.

［138］高延法，沈光寒．矿山岩体结构及力学性质与岩层移动变形的关系［J］．矿山测量，1988（1）：16-20，46.

［139］王观宇．对岩体内部下沉盆地边界的认识［J］．矿山测量，1994（1）：35-36.

［140］王观宇．采动岩层内部的移动与变形分析［J］．矿山测量，1995（1）：19-23.

［141］王观宇．阳泉矿区岩层移动角分析及应用意见［J］．山西煤炭，1996（1）：21-23.

［142］徐翀，张静，吴侃，等．煤矿采场上覆岩体内部预计参数研究［J］．煤矿安全，2013（12）：195-197，200.

［143］朱广轶，沈红霞，王立国．地表动态移动变形预测函数研究［J］．岩石力学与工程学报，2011，30（9）：1889-1895.

［144］刘玉成．开采沉陷的动态过程及基于关键层理论的沉陷模型［D］．重庆：重庆大学，2010.

[145] 黄乐亭，王金庄．地表动态沉陷变形的 3 个阶段与变形速度的研究 [J]. 煤炭学报，2006，31 (4)：420-424.

[146] 郭文兵，黄成飞，陈俊杰．厚湿陷黄土层下综放开采动态地表移动特征 [J]. 煤炭学报，2010，35 (增刊 1)：38-43.

[147] 刘义新，戴华阳，姜耀东，等．厚松散层大采深下采煤地表移动规律研究 [J]. 煤炭科学技术，2013，41 (5)：117-120，124.

[148] 唐君，王金安，王磊．薄冲积层下开采地表动态移动规律与特征 [J]. 岩土力学，2014，35 (10)：2958-2968，3006.

[149] 许国胜，李德海，侯得峰，等．厚松散层下开采地表动态移动变形规律实测及预测研究 [J]. 岩土力学，2016，37 (7)：2056-2062.

[150] 李德海，许国胜，余华中．厚松散层煤层开采地表动态移动变形特征研究 [J]. 煤炭科学技术，2014，42 (7)：103-106.

[151] SINGH K B，SINGH T N. Ground movements over longwall workings in the Kamptee coalfield，India [J]. Engineering Geology，1998，50 (1)：125-139.

[152] PRAKASH A，KUMAR A，SINGH K B. Dynamic subsidence characteristics in Jharia coalfield，India [J]. Geotechnical and Geological Engineering，2014，32 (3)：627-635.

[153] 侯得峰，李德海，许国胜，等．厚松散层下采高对地表动态沉降特征的影响 [J]. 煤炭科学技术，2016，44 (12)：191-196.

[154] 胡戴克，李德海．开采工作面推进度对地表变形速度的影响 [J]. 焦作矿业学院学报，1993 (1)：64-74.

[155] 李德海．覆岩岩性对地表移动过程时间影响参数的影响 [J]. 岩石力学与工程学报，2004，23 (22)：3780-3784.

[156] 邓喀中，王金庄，邢安仕．采动过程中地表任意点下沉速度计算 [J]. 中国矿业学院学报，1983 (4)：71-82.

[157] 王少锋，王德明，曹凯，等．采空区及上覆岩层空隙率三维分布规律 [J]. 中南大学学报 (自然科学版)，2014，45 (3)：833-839.

[158] WANG S，LI X，WANG D. Mining - induced void distribution and application in the hydrothermal investigation and control of an underground coal fire：A case study [J]. Process Safety & Environmental Protection，2016，102：734-756.

[159] WANG S，LI X，WANG D. Void fraction distribution in overburden disturbed by longwall mining of coal [J]. Environmental Earth Sciences，2016，75 (2)：151.

[160] 赵兵朝，刘樟荣，同超，等．覆岩导水裂缝带高度与开采参数的关系研究 [J]. 采矿与安全工程学报，2015，32 (4)：634-638.

[161] 高延法，黄万朋，刘国磊，等．覆岩导水裂缝与岩层拉伸变形量的关系研究 [J]. 采

矿与安全工程学报，2012，29（3）：301-306.

[162] 王少锋，李夕兵，王德明．采动影响型地下煤火诱发地表裂隙率的时空分布模型［J］．工程科学学报，2015（6）：677-684.

[163] 王少锋，李夕兵，王德明，等．地下煤火燃空区冒落岩体孔隙率随机分布规律［J］．工程科学学报，2015，37（5）：543-550.

[164] 宋颜金，程国强，郭惟嘉．采动覆岩裂隙分布及其空隙率特征［J］．岩土力学，2011，32（2）：533-536.

[165] 刘天泉．矿山岩体采动影响与控制工程学及其应用［J］．煤炭学报，1995，20（1）：1-5.

[166] 王文学，隋旺华，董青红．应力恢复对采动裂隙岩体渗透性演化的影响［J］．煤炭学报，2014，39（6）：1031-1038.

[167] WHITTAKER B N. An appraisal of strata control practice［J］. Min Eng，1974，134：9-24.

[168] 浦海，缪协兴．综放采场覆岩冒落与围岩支承压力动态分布规律的数值模拟［J］．岩石力学与工程学报，2004，23（7）：1122-1126.

[169] SUCHOWERSKA A M，MERIFIELD R S，CARTER J P. Effect of abutment angle on stress distribution under supercritical longwall panels［C］//Proceedings of the 11th Australia-new Zealand Conference on Geomechanics，Melbourne，Australia，2012.

[170] WILSON A H. The stability of underground workings in the soft rocks of the coal measures［J］. International Journal of Mining Engineering，1983，1（2）：91-187.

[171] 潘宏宇．复合关键层下采场压力及煤层瓦斯渗流耦合规律研究［D］．西安：西安科技大学，2009.

[172] 潘岳，顾士坦，王志强．煤层塑性区对坚硬顶板力学特性影响分析［J］．岩石力学与工程学报，2015，34（12）：116-129.

[173] 王金安，刘红，纪洪广．地下开采上覆巨厚岩层断裂机制研究［J］．岩石力学与工程学报，2009，28：232-240.

[174] ITASCA CONSULTING GROUP INC. 3DEC（3Dimension Distinct Element Code）user's guide［M］. Minneapolis，USA：Itasca Consulting Group Inc，2005.

[175] 张进．裴沟矿水库及堤坝下压煤开采技术研究［D］．焦作：河南理工大学，2013.

[176] 陈晓祥，谢文兵．采矿过程数值模拟模型左右边界的确定［J］．煤炭科学技术，2007，35（4）：92，96-99.

[177] HOEK E，CARLOS C T B. Hoek-Brown failure criterion—2002 edition［C］//5th North American Rock Mechanics Symposium and 17th Tunneling Association of Canada Conference，NARMS-TAC，2002：267-271.

[178] MARINOS P，HOEK E. GSI：A geologically friendly tool for rock mass strength estimation

[C]//Isrm International Symposium, [S.l.]: International Society for Rock Mechanics, 2000.

[179] 韩凤山. 节理化岩体强度与力学参数估计的地质强度指标 GSI 法 [J]. 大连大学学报, 2007, 28 (6): 48-51.

[180] 尹士献. 构造应力场与采动应力场协同作用下对覆岩变形影响研究 [D]. 焦作: 河南理工大学, 2015.

[181] MALEKI H, HUSTRULID W, JOHNSON D. Pressure measurements in the gob [C]//The 25th Us Symposium on Rock Mechanics (usrms), [S.l.]: American Rock Mechanics Association, 1984: 533-545.

[182] YAVUZ H. An estimation method for cover pressure re-establishment distance and pressure distribution in the goaf of longwall coal mines [J]. International Journal of Rock Mechanics and Mining Sciences, 2004, 41 (2): 193-205.

[183] 司荣军, 王春秋, 谭云亮. 采场支承压力分布规律的数值模拟研究 [J]. 岩土力学, 2007, 28 (2): 141-144.

[184] 汪峰, 许家林, 谢建林, 等. 基于采动应力边界线的顶板巷道保护煤柱留设方法 [J]. 煤炭学报, 2013, 38 (11): 1917-1922.

[185] 姜福兴, 杨淑华, 成云海, 等. 煤矿冲击地压的微地震监测研究 [J]. 地球物理学报, 2006, 49 (5): 1511-1516.

[186] 姜福兴, XUN L, 杨淑华. 采场覆岩空间破裂与采动应力场的微震探测研究 [J]. 岩土工程学报, 2003, 25 (1): 27-29.

[187] 谢广祥, 王磊. 采场围岩应力壳力学特征的工作面长度效应 [J]. 煤炭学报, 2008, 33 (12): 10-14.

[188] 谢广祥. 综放工作面及其围岩宏观应力壳力学特征 [J]. 煤炭学报, 2005, 30 (3): 309-313.

[189] 白矛, 刘天泉, 仲惟林. 用力学方法研究岩层及地表移动 [J]. 煤炭学报, 1982 (3): 29-40.

[190] 李新元, 马念杰, 钟亚平, 等. 坚硬顶板断裂过程中弹性能量积聚与释放的分布规律 [J]. 岩石力学与工程学报, 2007, 26 (增刊 1): 2786-2793.

[191] 陈杰, 杜计平, 张卫松, 等. 矸石充填采煤覆岩移动的弹性地基梁模型分析 [J]. 中国矿业大学学报, 2012, 41 (1): 14-19.

[192] NCB. Subsidence engineers' handbook [M]. London, Hobart: Ncb Publications, 1975.

[193] 邓清海, 马凤山, 徐嘉谟, 等. 地下开挖引起地表局部上升的弹性地基梁效应 [J]. 煤炭学报, 2011, 36 (Suppl 2): 151-155.

[194] 姜福兴, 蒋国安, 谭云亮. 印度浅埋坚硬顶板厚煤层开采方法探讨 [J]. 矿山压力与

顶板管理，2002，3：61-63，113.

[195] 王平，姜福兴，冯增强，等．高位厚硬顶板断裂与矿震预测的关系探讨 [J]. 岩土工程学报，2011，33（4）：124-129.

[196] 缪协兴，茅献彪，胡光伟，等．岩石（煤）的碎胀与压实特性研究 [J]. 实验力学，1997，12（3）：64-70.

[197] PAPPAS D M，MARK C. Behavior of simulated longwall gob material [M]. [S.l.]：Us Department of the Interior，Bureau of Mines，1993.

[198] 常庆粮．膏体充填控制覆岩变形与地表沉陷的理论研究与实践 [D]. 徐州：中国矿业大学，2009.

[199] 隋旺华．开采沉陷土体变形工程地质研究 [M]. 徐州：中国矿业大学出版社，1999：120.

[200] 周大伟．煤矿开采沉陷中岩土体的协同机理及预测 [D]. 徐州：中国矿业大学，2014.

[201] 王正帅，邓喀中．概率积分法沉陷预计的边缘修正模型 [J]. 西安科技大学学报，2012，32（4）：495-499.

[202] 查剑锋，郭广礼，赵海涛，等．概率积分法修正体系现状及发展展望 [J]. 金属矿山，2008（1）：15-18.

[203] 吴侃，靳建明，戴仔强．概率积分法预计下沉量的改进 [J]. 辽宁工程技术大学学报，2003，22（1）：19-22.

[204] 陈广帅．韩王矿近距离厚煤层充填开采对井筒影响研究 [D]. 焦作：河南理工大学，2014.

[205] 郭杰凯，王绍留．基于内部岩层移动角的工作面侧向顶板巷道变形分析 [J]. 煤矿安全，2014，45（10）：204-206，210.

[206] 赵忠明，孟武峰，鲁大华，等．下工作面开采对上部砌碹巷道的破坏 [J]. 煤炭学报，2011，36（Suppl 1）：27-31.

[207] 李春意．覆岩与地表移动变形演化规律的预测理论及实验研究 [D]. 北京：中国矿业大学（北京），2010.

[208] LUO Y，PENG S S. Prediction of subsurface subsidence for longwall mining operations [C]// Proceedings of the 19th International Conference on Ground Control in Mining，Morgantown：West Virginia University，2000：163-170.

[209] 张鹏，郭文兵．香山公司副立井变形预计及加固 [J]. 采矿与安全工程学报，2009，26（3）：372-376.

[210] 任松．岩盐水溶开采沉陷机理及预测模型研究 [D]. 重庆：重庆大学，2005.

[211] 孙绍先．折线和斜线观测站的资料处理 [J]. 矿山测量，1983（1）：23-25.

[212] JAROSZ A，KARMIS M，SROKA A. Subsidence development with time—experiences from

longwall operations in the Appalachian coalfield [J]. International Journal of Mining and Geological Engineering, 1990, 8 (3): 261-273.

[213] CHANG Z, WANG J, CHEN M, et al. A novel ground surface subsidence prediction model for sub-critical mining in the geological condition of a thick alluvium layer [J]. Frontiers of Earth Science, 2015, 9 (2): 330-341.

[214] 许国胜，张彦宾，李德海，等．厚松散层下开采地表动态移动参数研究 [J]. 矿业安全与环保，2016，43 (5)：70-73.

[215] 冯国财，徐白山，王东．三台子水库下压煤综放开采覆岩破坏充水特征 [J]. 采矿与安全工程学报，2014，31 (1)：108-114.

[216] 刘树才，刘鑫明，姜志海，等．煤层底板导水裂隙演化规律的电法探测研究 [J]. 岩石力学与工程学报，2009，28 (2)：348-356.

[217] 胡小娟，李文平，曹丁涛，等．综采导水裂隙带多因素影响指标研究与高度预计 [J]. 煤炭学报，2012，37 (4)：613-620.

[218] 许国胜，许胜军，李德海，等．赵城水库下煤炭开采安全性研究 [J]. 煤矿安全，2013，44 (4)：43-45，48.

[219] 武雄，汪小刚，段庆伟，等．导水断裂带发育高度的数值模拟 [J]. 煤炭学报，2008，33 (6)：11-14.

[220] 涂敏．潘谢矿区采动岩体裂隙发育高度的研究 [J]. 煤炭学报，2004，29 (6)：641-645.

[221] REZAEI M, HOSSAINI M F, MAJDI A. A time-independent energy model to determine the height of destressed zone above the mined panel in longwall coal mining [J]. Tunnelling & Underground Space Technology, 2015, 47: 81-92.

[222] SCHATZEL S J, KARACAN CÖ, DOUGHERTY H, et al. An analysis of reservoir conditions and responses in longwall panel overburden during mining and its effect on gob gas well performance [J]. Engineering Geology, 2012, 127: 65-74.

[223] 赵兵朝，王守印，刘晋波，等．榆阳矿区覆岩导水裂缝带发育高度研究 [J]. 西安科技大学学报，2016，36 (3)：343-348.

[224] 薛东杰，周宏伟，王超圣，等．上覆岩层裂隙演化逾渗模型研究 [J]. 中国矿业大学学报，2013，42 (6)：917-922，940.

[225] 沈军辉，王兰生，王青海，等．卸荷岩体的变形破裂特征 [J]. 岩石力学与工程学报，2003，22 (12)：2028-2031.

[226] 陈连军，李天斌，王刚，等．水下采煤覆岩裂隙扩展判断方法及其应用 [J]. 煤炭学报，2014，39 (增刊2)：301-307.

[227] 许家林，钱鸣高，金宏伟．岩层移动离层演化规律及其应用研究 [J]. 岩土工程学报，

2004，26（5）：632-636.

[228] 杜时贵，翁欣海．煤层倾角与覆岩变形破裂分带［J］．工程地质学报，1997，5（3）：211-217.

[229] 林海飞，李树刚，成连华，等．覆岩采动裂隙带动态演化模型的实验分析［J］．采矿与安全工程学报，2011，28（2）：298-303.